MINJI JISHEN JIEGOU HE NEIBU SHESHI SHIZHUIXING SHEJI PINGGU YU YANZHENG ZHINAN

民机机身结构和内部设施适坠性设计评估与验证指南

主编　牟让科　刘小川

西北工业大学出版社

【内容简介】 本书对民机机身结构适坠性研究领域中的理论问题和工程问题进行了研究探讨,既有对过去研究工作成果的归纳和总结,也有新的研究成果,更有一些研究成果在民机结构中的应用。全书共分为11章,从民机机身结构适坠性研究的相关理论和工程应用入手,分别从民机机身结构(含内部设施)适坠性研究的基本理论、结构设计、验证、分析及评估等方面进行叙述。

本书可为有关工程技术人员和学者进行飞机器结构抗坠撞设计、分析和试验工作提供具体的技术指导,也可供飞机设计及固体力学专业的高等学校师生参考。

图书在版编目(CIP)数据

民机机身结构和内部设施适坠性设计评估与验证指南/牟让科,刘小川主编. —西安:西北工业大学出版社,2016.3

ISBN 978 - 7 - 5612 - 4774 - 7

Ⅰ.①民… Ⅱ.①牟…②刘… Ⅲ.①民用飞机—机身—设计—指南 Ⅳ.①V271-62

中国版本图书馆 CIP 数据核字(2016)第 043958 号

出版发行:西北工业大学出版社

通信地址:西安市友谊西路 127 号   邮编:710072

电　　话:(029)88493844　88491757

网　　址:www.nwpup.com

印 刷 者:陕西金德佳印务有限公司

开　　本:787 mm×1 092 mm　1/16

印　　张:11

字　　数:256 千字

版　　次:2016 年 3 月第 1 版　2016 年 3 月第 1 次印刷

定　　价:48.00 元

本书编委会

主　编　牟让科　刘小川
编　委　（按姓氏笔画）：
　　　　马小骏　马芳贤　马君峰　马晓利　王　中
　　　　王　妮　王亚锋　王俊安　王乾平　史庆起
　　　　史惟琦　付智才　白春玉　朱广荣　朱晓东
　　　　向锦武　齐丕骞　孙　秦　苏开鑫　李玉龙
　　　　杨智春　吴　慧　吴旭辉　邱　弢　何　欢
　　　　张　昕　张凌霞　陈国平　罗漳平　周苏枫
　　　　项小平　胡律行　段世慧　徐　浩　郭　军
　　　　郭伟国　曹明红　寇飞行　董登科　程普强
　　　　薛　璞
主　审　孙　秦　苏开鑫

前　言

　　民机结构适坠性指结构在应急着陆过程中保护其乘员的能力,是民机安全性的重要体现,要求结构通过变形或可接受的破坏吸收撞击动能,并将传递到乘员的减速度限制在可承受的范围,为乘员提供生存空间,保持逃生通道的完整,为客舱设备提供系留。本书给出了民机机身段(含内部设施)适坠性设计、分析、验证和评估的一般工程方法。

　　第1章　绪论。分析适航条例对适坠性的相关规定,概述民机结构适坠性设计与验证的一般要求。

　　第2章　基本概念与定义。给出民机结构适坠性研究中涉及的一些基本概念和术语的定义。

　　第3章　机身舱段结构坠撞运动学分析。从运动学和能量的角度,给出机身段坠撞过程中的动力学分析方法,并简要分析提高机身结构适坠性的设计思路。

　　第4章　机身结构坠撞过程的数值计算方法。介绍机身机构坠撞过程的有限元数值模拟计算方法,给出计算方法的理论背景。

　　第5章　民机机身结构金属材料与连接件的动态力学性能。介绍机身结构金属材料和连接件动态力学性能试验方法,并给出典型金属材料和连接件的动态力学性能。

　　第6章　民机机身段下部结构吸能设计与分析。介绍民机机身下部结构吸能设计的一般性要求,典型结构元件的撞击失效模式与吸能特性,设计机身框吸能结构,并进行试验验证。

　　第7章　机身结构坠撞数值分析建模与评价。介绍动力学建模与分析方法,以典型机身段为研究对象进行计算分析,并根据计算结构给出坠撞试验状态。

　　第8章　典型机身段(含内部设施)坠撞试验。介绍坠撞试验方法,以典型机身段(含内部设施)为对象,介绍垂直坠撞试验的流程和数据处理的方法及结果。

　　第9章　含内部设施机身舱段适坠性评估体系及其分析。介绍含内部设施机身舱段适坠性评估体系和适坠性评估方法,并基于典型机身段(含内部设施)坠撞试验结果进行适坠性评估。

　　第10章　适坠性分析评估软件平台及其应用。对民机机身段适坠性分析评估所涉及的软件工具进行介绍,对评估软件平台的架构进行说明。

　　编写本书曾参阅了相关文献资料,在此,谨向其作者深致谢忱。

　　由于水平有限,不足之处在所难免,恳请读者批评指正。

编　者

2015 年 10 月

目　　录

第1章 绪　　论

大型民用飞机作为现代最快捷的交通运输工具,在展现国家基础工业实力、引领技术进步、推动国民经济发展、提高国家核心竞争力等诸方面有着明显的战略地位与作用,也是世界范围内先进发达国家实现全球经济战略的主要技术增长点之一。

在民用飞机已成为当今世界主要交通工具的今天,空难无疑是人们最惧怕的灾难性事故。尽管民用飞机的失事率远低于其他交通工具,然而空难事故时有发生,给人们的生命财产带来了重大损失,增大了乘机的不安全感。因此,航空安全历来是世界范围内关注的重大问题。

民用飞机适坠性(Aircraft Crashworthiness)涵盖的安全性概念应包括结构和内部设施的适坠性、乘员保护(Occupant Protection)、消防安全(Fire Safety)、逃逸或撤离(Evacuation)以及机场应急服务(Airport Emergency Services)等方面。早先的飞机事故调查主要集中于飞机失事的原因,并非乘员的生存力。如今事故调查报告的详细研究表明,通过改进飞机结构的设计能够大大提高和改善乘员及机组人员的生存能力。因此,民用飞机的适坠性研究的核心问题是如何改善飞机结构的抗撞性和提高乘员的生存能力,这些作为民用飞机适航审定中主要考核指标需要在技术层面上给予设计、分析与试验验证。

飞机适坠性研究在学科上属撞击动力学范畴,技术内涵主要包括下述几方面:

(1)发展和验证结构抗坠撞分析与设计的计算方法和软件工具,以正确地理解和预估飞机撞击时结构和乘员所可能承受的载荷,为飞机抗坠能力评估提供技术支持。

(2)结合吸能材料应用和结构设计水平的提高,发展新的分析设计方法,预估飞机坠撞时的结构动态响应和乘员承受的过载,研究新型材料和组装部件(如地板和座椅)的高效吸能特性。

(3)采用基于验证的分析手段,评估飞机坠撞时的结构动态响应和传递到乘员上的冲击加速度历程,为满足适航条例要求提供低成本验证方法。

(4)研究坠撞对于飞机有关设备的冲击影响。

(5)研究坠撞动力学试验技术,为验证飞机结构及内部设施适坠性建模、完善评估方法提供依据。

适坠性研究的关键目标是在最小的或不增加飞机重量和成本的前提下,最大可能地增强乘员和机组人员的生存能力。本指南全面系统总结了"十一五"期间,我国自主研发的民用飞机机身结构和内部设施适坠性设计、分析评估与验证技术的最新科技成果,可作为我国21世纪研制新一代先进大型飞机机身结构在适坠性设计、分析与试验验证技术方面的综合性技术资料与手册,也可为其他结构部件的适坠性设计与分析提供借鉴和参考;同样,对于提高和改善其他在役在研各类飞机结构的适坠性提供技术支持。

民用飞机适坠性的设计目的是,当飞机发生意外导致非正常着陆情况时,为乘员提供尽可能的保护与足够的撤离空间,最大限度地改善乘员在坠撞过程中的生存能力。为实现这一安全技术目标,机身结构(机头部设备舱、中部货舱)作为重要的吸能部件必须具有抗坠撞能力,以可控、可预见的方式发生变形与破坏,将最小的冲击载荷和过载系数传递给座舱结构和乘员座椅,保持乘员座舱结构的基本完整性,并提供可逃生通道;同时为乘员、内部设施(含座椅、行李架等)提供足够的系留强度,避免可能的次生伤害。这意味着机身结构的适坠性设计任务应充分考虑结构构件的大变形吸能特性以及强度破坏的能量耗散行为,利用分析与试验技术设计可控的吸能破坏方式,并具备正常承受飞行载荷的强度。对于适坠性而言,结构强度裕度过大或过小的机身结构都是不可接受的,过大可导致结构重量的增加,产生过高的撞击载荷响应(加速度),反而降低乘员生存性;过小使整体结构变形增大,破坏乘员座舱结构的完整性。在能量较小的坠撞中(称作硬着陆),需避免对飞机和设施的过度变形和破坏,规避影响人员逃生以及发生设施与人员接触伤害的可能。

本着上述民用飞机结构适坠性设计的目的与技术需求,以工程应用为目标,本指南主要针对民用飞机应急着陆过程中可能造成的机体结构破坏和乘员生存力问题,通过对民机机身结构、内部设施(座椅及其安装系统、约束系统,行李架固定连接装置等)以及仿真假人在应急着陆过程中的动响应数值分析和地面试验技术等的课题研究工作总结,系统归纳整理了多种材料、构件、框段以及全尺寸舱段结构的吸能特性、变形行为和破坏特征,撞击动力学有限元数值分析方法、建模技术以及仿真计算结果,全尺寸舱段垂直坠撞试验设计技术、先进试验设备和测量技术,提出了多种机身地板下部吸能结构概念和吸能典型构件构形设计新技术,积累了大量的分析与试验数据和经验,为机身结构适坠性设计、分析及试验技术的工程化应用奠定了强有力的技术工作基础。可以相信,本书研究工作的技术成果以及技术指南的推广应用,必定可为我国大型飞机适坠性设计、分析、试验验证以及适航标准的补充修订起到切实、客观的科学促进作用;尤其可为我国民用飞机结构符合适航安全要求的结构适坠性设计、分析、评估和试验工作提供所需的详实细节技术支持,也必然对于我国民用航空产业技术的发展产生深远的作用与意义。

1.1　民用飞机适坠性适航规定

我国和世界其他航空大国在民用飞机设计规范和适航标准中(CCAR-25,FAR-25,JAR-25,RAAR-25),均对适坠性要求(应急着陆情况)提出了具体明确的技术指标。需要指出的是,作为乘员生命安全最终保障的民用飞机适坠性要求达到了近乎苛刻的程度。适坠性要求规定在飞机发生意外导致紧急迫降时,机体结构应能保护乘员避免遭受致命伤害。适坠安全性要求直接推动了民用飞机"适坠性设计"概念的形成与相关技术的发展。

我国运输类飞机适航标准 CCAR-25 部与适坠性相关的共计 38 条适航条款,两个附录内容,总结归纳如下:

C 分部 2 条

· 总则

· 应急着陆动力要求

D 分部 24 条

· 25.721 起落架 总则

· 25.772 驾驶舱舱门

· 25.783 舱门

- 25.785 座椅、卧铺、安全带和肩带
- 25.787 储存舱
- 25.789 物件的固定
- 25.791 旅客通告告示
- 25.793 地板表面
- 25.801 水上迫降
- 25.803 应急撤离
- 25.807 应急出口
- 25.809 应急出口的布置
- 25.810 应急撤离辅助设施和撤离路线
- 25.811 应急出口标记
- 25.812 应急照明
- 25.813 应急出口通路
- 25.815 过道宽度
- 25.817 最大并排座椅数
- 25.819 下层服务舱
- 25.851 灭火器
- 25.853 座舱内部设施
- 25.854 厕所火焰保护
- 25.855 货舱和行李舱
- 25.857 货舱等级

E 分部 2 条
- 25.963 燃油箱 总则
- 25.994 燃油系统部件的防护

F 分部 7 条
- 25.1362 应急状态供电
- 25.1411 安全设备　总则
- 25.1415 水上迫降设备
- 25.1421 扩音器
- 25.1423 广播系统
- 25.1439 保护性呼吸设备
- 25.1447 分氧装置设置的规定

G 分部 3 条
- 25.1541 标记和标牌　总则
- 25.1557 其他标记和标牌
- 25.1561 安全设备

附录 2 个
- 25 部附录 F I‐Ⅴ部分
- 25 部附录 J　应急撤离演示

本书主要关注机身结构适坠性,特别关注应急着陆的动力要求以及应急着陆过程中乘员和结构动态响应。如25部第561条和第562条对应急着陆情况的乘员约束、动力学条件、人体的生理指标和结构变形等提出了明确的技术指标[1],给出的具体规定如下:

(1)尽管飞机在陆上或水上应急着陆情况中可能损坏,但飞机必须按本条规定进行设计,以在此情况下保护乘员。

(2)结构的设计必须能在轻度撞损着陆过程中并在下列条件下,给每一乘员以避免严重受伤的一切合理机会:

1)正确使用座椅、安全带和所有其他为安全设计的设备;

2)机轮收起(如果适用);

3)乘员分别经受到下列每一项相对于周围结构的极限惯性载荷系数:

①向上,3.0;

②向前,9.0;

③侧向,对于机身为3.0,对于座椅及其连接件为4.0;

④向下,6.0;

⑤向后,1.5。

(3)设备、客舱中的货物和其他大件物品应符合下列要求:

1)除了本条(3)2)中的要求之外,必须妥善安置这些物体,如果松脱也不太可能:

①直接伤及乘员;

②穿透油箱、管路或损坏相邻系统而引发火灾或伤害性的爆炸;

③ 使应急着陆后使用的任何撤离设施失效。

2)如果这种安置方式(例如,机身安装的发动机或辅助动力装置)不可行的话,则这种设计应能在第(2)条第3)点所确立的载荷条件下固定住每一质量项目。若这些质量项目因为经常拆卸而承受严重磨损和撕拉(例如快速更换内部物件),那么这些局部连接设计应可承受1.33倍的规定载荷。

(4)在直到第(2)条第3)点所规定的各种载荷作用下,座椅和质量项目(及其支撑结构)不得变形以至妨碍乘员相继迅速撤离。

〔中国民用航空局1990年7月18日第一次修订,中国民用航空总局2001年5月14日第三次修订〕

1.2　民用飞机适坠性设计的一般要求

飞机系统或机体结构的适坠性(Crashworthiness)、抗撞击性能(Resistance)以及可能提供的安全性保障必须符合应急着陆时的动力学条件(Dynamic Conditions),应在标准规范的设计输入条件下完成机体结构、吸能设施的设计、分析与考核验证。

描述应急着陆的坠撞严重程度的工程参数有以下两个。

(1)速度变化量(Δv),指飞机着地的瞬时速度与坠撞结束时刻速度(通常为零)的差值,它可直观描述坠撞能量的大小,以及对坠撞结构的严酷程度做出预估。在某种机身设计构型的适坠性评估中,首先就需要确定设计要求的速度改变量,如2007年,为了证明B787飞机复合材料机身具有等同于金属机身的适坠性,参照对象为B777,B777的适坠性设计水平是速度改变量 7.73 m/s 时乘员腰椎处的过载为 15g。波音公司开展了全尺寸机身段的垂直坠撞试验，试验的速度改变量为 9.5 m/s。

（2）速度变化率，指撞击过程的瞬时减速度，工程上用重力加速度 g 的倍率系数描述，又称惯性载荷系数或过载系数，用于精确量化结构、乘员以及质量装载在坠撞过程中的瞬时承载数值。设计中，一般需要根据给定的速度改变量作为输入条件，限制客舱地板处的过载水平，一般不允许超过 20g。

通常，机体结构（包括硬点连接接头）以及乘员、质量设施的系留约束系统可直接按照上述规定的每一应急着陆条件开展工程设计分析，并作为验证性试验设计、测量与考核评估的基本依据。起落架、座椅等其他吸能设施的设计则需通过运用规定的动力学条件，计算分析并转换为相应有明显技术特征的其他参数（如撞击停止距离）。

适航标准规定的动力学条件是统计意义上的撞击载荷环境，也是机体结构在保障乘员可逃生条件下应具备的最低抗撞击能力。事实上，飞机撞击的动力学条件及环境非常宽泛与复杂，包含从最简单的单向撞击到旋转和多方向的复杂组合等。飞机应急着陆撞击的外部环境非常复杂，可能包括的环境条件有：平地、丘陵、林地等，平地又可能是混凝土、泥土和沙土等。适航标准并未对外部撞击环境作出具体明确要求，因此，设计、试验机构可自行制定符合标准动力学环境的撞击条件。美国针对轻型固定翼飞机和旋翼机的适坠性设计指南[2]（MIL-STD-1290）中，就规定了用加州杂草丛生的地面条件（常年干旱少雨）作为机体结构适坠性设计的标准输入。

1.2.1　机身结构的适坠性设计要求

机身结构适坠性设计即指通过在结构上采取的合理、恰当的技术措施，使飞机在非正常着陆（着水）的情况下最大限度地保障乘员生命安全，并符合适航标准要求。运输类航空器机身结构作为重要的抗坠撞部件，在坠撞过程中的主要功能包括以下几方面。

（1）为乘员保持可生存空间；

（2）保护乘员隔离外部可能的灾难性环境；

（3）提供安装座椅、货物等的连接硬点；

（4）提供起落架载荷的反力支持，并通过构件扩散起落架撞击载荷。

前已述及，机身结构需以可控、可预见的变形、垮塌和破坏方式来保护座舱结构部分的完整性（指有充分的可逃生空间）。机身结构的抗撞击性是指用这种变形与破坏的方式保护座舱结构的承载能力，并以最小的冲击载荷和过载系数传递给座舱结构和乘员座椅。同时，机身结构的适坠完整性还包括为乘员、内部设施（含行李架等）提供足够的系留强度，保证逃生通道的通畅性，避免次生伤害。于是，机身结构适坠性设计的动力学强度技术要求包括以下几项。

（1）保持乘员座舱壳体结构变形在可控范围内（原座舱空间的 85%）；

（2）提供足够的乘员系留、辅助设施安装连接强度；

（3）极小化传递给乘员的过载，不致形成伤害；

（4）维持足够的逃生通道、门框与舱门刚度以及必要的救援措施实施能力；

（5）保证地板与座椅的足够连接强度（允许适度的塑性形变）；

（6）保证行李架固定连接装置有足够的强度（允许适度的塑性形变）。

1.2.2　结构、内部设施的适坠性安全指标

我国运输类飞机适航标准 CCAR - 25 部对应急着陆情况下机体内部乘员、设施及结构的动力学技术指标要求(25.562 条款)做出了下述具体明确的规定。

(1)座椅和约束系统必须设计成在应急着陆时并在下列条件下能保护乘员:

1)正确使用在设计中规定得有的座椅、安全带和肩带;

2)乘员受到本条规定条件所产生的载荷。

(2)凡批准在起飞和着陆时用于机组成员和乘客的每种座椅型号设计,必须按照规定的每一应急着陆条件(本指南 1.2 节),成功地完成动力试验,或根据类似型号座椅的动力试验结果经合理分析给予证明。进行动力试验,必须用适航当局认可的拟人试验模型(假人)模拟乘员,其名义质量为 77 kg(170 lb),坐在正常的向上位置。

(3)在按(2)进行动力试验时,下述性能测量值不得超出:

1)在机组成员使用上部躯干系带的情况下,单系带上的拉伸载荷不得超过 7 784 N (793 kg,1 750 lb)。如果使用双系带约束上部躯干,则系带总拉伸载荷不得超过 8 896 N (906 kg,2 000 lb)。

2)在拟人模型骨盆和腰部脊柱之间测得的最大压缩载荷不得超过 6 672 N(680 kg, 1 500 lb)。

3)上部躯干约束系带(在安装的情况下)在撞击时必须保持在乘员肩上。

4)在撞击时安全带必须保持在乘员骨盆处。

5)在(2)规定的条件下,必须保护每一乘员,使头部免受严重伤害。在可能发生座椅或其他构件触及头部的情况下,必须提供保护措施以使头部伤害判据(HIC)不超过 1 000。头部伤害判据(HIC)由下式确定:

$$HIC = \left\{ (t_2 - t_1) \left[\frac{1}{t_2 - t_1} \int_{t_1}^{t_2} a(t) dt \right]^{2.5} \right\}_{max}$$

式中　　t_1——积分初始时间,s;

　　　　t_2——积分终止时间,s;

　　$a(t)$——头部撞击总加速度对时间的关系曲线(a 用 g 的倍数表示)。

6)在可能与座椅或其他构件碰撞导致腿部受伤的情况下,必须提供防护措施使每一股骨上的轴向压缩载荷不超过 10 008 N(1 019 kg,2 250 lb)。

7)尽管结构可能屈服,但座椅必须始终连接在所有连接点上。

8)在(3)的 1)和(2)的 2)规定的试验中,座椅不得屈服到阻碍飞机乘员迅速撤离的程度。

1.3　民用飞机机身结构适坠分析、评估与试验验证要求

除非采用经过试验或坠撞事件验证过的成熟结构设计技术(可采用技术说明的方式提交文本文件供适航部门审查),航空器研发部门必须对所设计结构的坠撞安全性予以验证,并对结构的抗撞击能力作出恰当评估,提交详实的技术文件通过适航部门审查。

相关的舱内设施,如座椅系统、行李架及餐车等成品件也必须通过适航部门的型号合格审定,并具有有效证明文件。

1.4 本指南适用范畴

为满足我国大型民用飞机结构适坠性设计、分析与试验技术发展的紧迫需求,本指南主要总结了当前我国在民用飞机机身结构和内部设施(含乘员)适坠性设计、分析评估与验证技术方面所开展的研究工作及其技术成果。

本指南系统归纳、整理了多种材料、构件、框段以及全尺寸舱段结构的吸能特性、变形行为和破坏特征,结构坠撞动力学有限元数值分析建模与仿真技术,全尺寸舱段垂直坠撞试验设计与先进测量技术等,适用于民用飞机、运输类飞机的结构适坠性工程设计技术范畴;可作为结构适坠性工作规划、详细工程设计、数值计算分析以及全尺寸结构坠撞试验等相关工作的技术指南与参考资料;部分适用于其他类型飞机结构抗撞击能力设计时的技术借鉴。

本指南不用于航空假人、系留装置以及其他舱内硬件设施本身的设计技术工作。

参 考 文 献

[1] 中国民航总局.中国民用航空规章——运输类飞机适航标准.CCAR - 25 - R3,2001.

[2] Aircraft Crash Survival Design Guide. Volume Ⅲ — Aircraft Structural Crash Resistance. USAAVSCOM TR - 89 - D - 22C. ADA218436. SIMULA INC, 1989.

[3] 孙侠生.民用飞机结构适坠性评估技术现状与发展趋势.结构强度研究.2006(3).

第2章 基本概念与定义

本章给出了民用航空器机身结构适坠性分析、评估与试验验证中一些主要的基本概念及术语的定义。本指南出现的其他专业术语将在相应的各章中给予解释和说明。

2.1 飞机坐标系和姿态参数

2.1.1 飞机坐标轴系

在坠撞分析中,通常采用两个坐标轴系来表示在坠撞前和坠撞后的姿态,即速度、加速度和坠撞载荷等参数的方向。一个坐标轴系是地面坐标系 $Ax_dy_dz_d$,在定义地面坐标系时,通常忽略地球曲率,即采用所谓的"平板地球表面假设",并假设地面坐标轴系为惯性坐标系。在水平地面上选一点作为原点 A(通常选为发生坠撞的初始接地点),x_d 轴在水平面内并指向某一方向,y_d 轴铅垂向上为正,z_d 轴在水平面内,构成符合右手法则的直角坐标系,如图 2-1(a) 所示。

另一个坐标轴系为固连在飞机机身上的坐标轴系 $Ox_by_bz_b$(机体坐标系),原点 O 取在飞机的质心处,纵轴 x_b 在飞机对称面内并平行于飞机的纵向设计轴线,指向机头为正;垂直轴 y_b 在飞机纵向对称面内垂直于纵轴,向上为正;横轴 z_b 垂直于纵向对称面指向右机翼为正,亦构成符合右手法则的直角坐标系,如图 2-1(b) 所示。

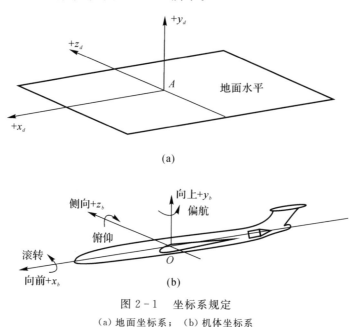

图 2-1 坐标系规定

(a)地面坐标系; (b)机体坐标系

　　当飞机处在任一飞行姿态时,其速度、加速度和力分量,以及俯仰、滚转和偏航等姿态的正方向分别沿相应的飞机坐标系的坐标轴正方向。分析地面撞击情况,如:结构破坏的发生、飞机几何尺寸的变化及撞击的反作用力,通常要用到如图 2-1(a) 所示的地面坐标系 $Ax_dy_dz_d$。

2.1.2　飞机的撞击姿态

　　飞机撞击时,飞机的姿态用飞机的俯仰角、滚转角和偏航角来描述[1],如图 2-2 所示。

　　飞机俯仰角(θ)是指飞机纵轴 x_b 与水平面之间的夹角。当飞机机头指向水平面以上时俯仰角为正,当飞机机头指向水平面以下时俯仰角为负。

　　飞机偏航角(ψ)是指飞机纵轴 x_b 在水平面上的投影与地面坐标系 x_d 轴之间的夹角。

　　飞机滚转角(γ)是指飞机垂直轴 y_b 与通过飞机纵轴的铅垂面之间的夹角。

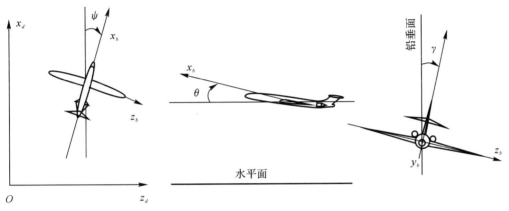

图 2-2　飞机的撞击姿态角

2.1.3　撞击时的角度定义

　　航迹角(p)是指在撞击发生的瞬间,飞机航迹速度矢量与水平面之间的夹角。

　　斜坡角(β)是指在铅垂平面内撞击(地形)表面与水平面之间的夹角,上坡情况斜坡角为正,下坡情况斜坡角为负。

　　撞击角(q)是指在撞击发生的瞬间,飞机航迹速度矢量与撞击(地形)表面之间的夹角,撞击角是航迹角和斜坡角的代数和。

　　撞击角的定义如图 2-3 所示。

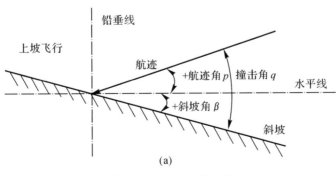

(a)

图 2-3　撞击角的定义

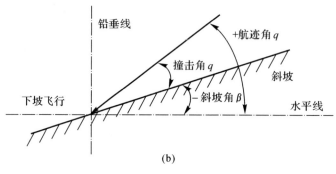

续图 2-3　撞击角的定义

2.2　与加速度相关的术语

1.加速度

加速度是指速度的变化率。加速度使得速度在大小或方向上产生某种增大的变化。加速度有两种基本类型:线加速度,指直线运动速度的变化;角加速度(或转动加速度),指角速度或转动速度的变化。对于各种坠撞情形,除非另有说明,本指南中的加速度一般都是指机身地板中心或飞机(机身段)重心相近的点处的加速度。

2.减速度

减速度亦指速度的变化率,是当加速度方向与速度方向相反时,引起速度减小,故称为减速度,一般也是指机身地板中心或飞机(机身段)重心相近的点处的减速度。

3.突然加速

突然加速指在短暂时间间隔内,速度发生突然的变化。通常以 1 s 作为区分突然加速和持续加速的分界点。突然加速对人体的影响仅限于产生人体骨骼和软组织的应力。

4.术语 g

本指南中用 g 作为加速度的度量,即 $1g = 9.8 \ \text{m/s}^2$,如 5g 代表一个 $5 \times 9.8 \ \text{m/s}^2$ 的加速度,即 $49 \ \text{m/s}^2$。

5.加速度变化率

加速度变化率用 g 值的变化率表示,单位:m/s^3。

2.3　与速度相关的术语

1. 主要撞击中的速度变化

主要撞击是指产生最大撞击力的作用冲击,并不一定是初始的撞击。主要撞击中的速度变化是指飞机在主要撞击过程中机身速度的减少,单位与速度单位相同,即 m/s。对于图 2-4 所示的典型飞机地板的加速度冲击,认为在时刻 t_2 主要撞击已经结束。结构的弹性恢复特性将导致飞机速度在 t_2 时刻前反向。如果速度的确反向了,则在计算速度变化时必须考虑速度的方向。例如,一架飞机以 9.0 m/s 的垂直速度向下撞击,而后瞬间以 1.5 m/s 的速度向上回弹,则在主要撞击中所经历的速度变化是:

$$\Delta v = 9 - (-1.5) = 10.5 \text{ m/s} \tag{2-1}$$

撞击过程的速度变化将在本指南的相关章节中做进一步介绍。

2. 纵向速度变化

纵向速度变化是指在主要撞击过程中,沿着飞机纵(滚转)轴方向测量的速度减少量。在主要撞击过程中,纵向速度可能减小到零,也可能不为零。例如,一架飞机以 30.5m/s 的向前速度撞击地面,减速到 10.5m/s,那么在此次撞击中经历的纵向速度变化是 20.0 m/s。

3. 垂直速度变化

垂直速度变化是指在主要撞击过程中,沿着飞机垂直(偏航)轴方向测量的速度减少量。在主要撞击过程中,垂直速度通常减小到零,如果发生回弹则可能发生速度反向。

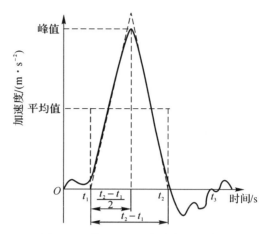

图 2-4　典型飞机地板的加速度冲击

4. 横向速度变化

横向速度变化是指在主要撞击过程中,沿着飞机横(俯仰)轴方向测量的速度减少量。

2.4　坠撞生存性

1. 可生存事故

当飞机发生意外坠撞时,乘员周围的机身结构和舱内设施在坠撞过程中和坠撞后,仍能保持基本完好,并能为乘员提供足够的生存空间,使乘员可迅速撤离逃生;同时,由乘员座椅和束带系统传递给乘员的力所产生的突然加速度未超出人的耐受极限。满足上述两条要求的飞机坠机事故叫做可生存事故。

2. 撞击空间包线

在飞机坠撞撞击过程中,被座椅和束带系统约束的乘员伸展的肢体甩动所及的空间范围,定义为撞击空间包线。甩动的肢体可能撞击在这个范围内的物体上。

2.5　乘员生存包线

1. 乘员生存力

乘员生存力是指在飞机的某种撞击条件和坠撞状态下,该事故飞机上乘员的生存潜力。乘员生存力与初始撞击速度,撞击过程中速度的变化和加速度的大小、方向以及持续时间等因素有关。

2. 乘员生存包线

乘员生存包线是指影响乘员生存力的确定性参数范围(如纵向坠撞速度、垂直坠撞速度、撞击角度、撞击表面和状态以及飞机构型等)。在该参数范围内发生的各种坠撞,飞机客舱和驾驶舱等载人区在撞击过程中及坠撞后都能基本保持完整。同时,如果采用约束带系统,那么传到乘员身上的加速度脉冲不会超过人的耐受极限。

大量的飞行事故调查研究结果表明,飞机发生坠撞事故的撞击条件和坠撞状态差别很大,理论上,纵向撞击速度可在大于正常起飞速度和小于巡航速度之间变化。撞击角和撞击力的方向可在平行于飞机纵轴方向到垂直于飞机纵轴方向之间变化。坠撞事故发生前,飞机所处的条件和状态不同,坠撞造成的后果以及乘员的生存概率也大不相同。如图2-5所示为国外对军用飞机和民用飞机事故调查情况的记录分析得出的数据结果[2]。该图给出了飞机以一定的纵向撞击速度和垂向撞击速度发生坠撞时的三种可能的生存力范围,即可生存范围、部分生存范围和不可生存范围。只要初始速度处于"可生存"范围内,在所有的坠撞事故中,至少有一名乘员能够经受或可能经受住无致命伤害的坠机撞击。

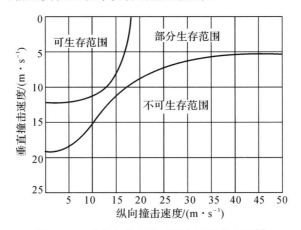

图2-5　飞机初始撞击速度与可生存范围[2]

2.6　与结构相关的术语

1. 机身结构抗坠撞性

机身结构抗坠撞性是指机身结构在坠撞撞击过程中为乘员提供保护的壳体(机身舱段)以及使作用于载人部分结构的加速度减小到最低水平的能力。这是飞机结构在设计、制造完成后所固有的能力,贯彻了抗坠撞设计的飞机结构,会具有良好的抗坠撞性,并能提高坠撞事故中乘员的生存力。

2. 结构抗坠撞完整性

结构抗坠撞完整性是指结构承受坠撞载荷的能力。撞击载荷引起结构破坏、失效和足够大的变形,但①不会导致人员受伤;②不会妨碍结构完成预期的功能。

3. 塌陷折叠

塌陷折叠是指坠撞过程中,结构丧失承载能力或有用空间而发生的不可恢复的大变形。

4. 坠撞破坏

坠撞破坏是指结构在坠撞过程中因变形或断裂而丧失承载能力或有用空间。

5. 限制载荷

限制载荷是指在一个结构中,结构元件屈服前所能承受的载荷。类似地,在一个吸能装置中,它代表装置开始变形而发挥其吸能功能时的载荷。

6. 载荷限制器、载荷限制装置或能量吸收器

这是限制结构中撞击载荷达到一个预先选定值所用设备的三个可互换名称。这些设备通过在一个无弹性回弹的变形距离上提供阻力来吸收能量。

7. 比吸能（SEA）

比吸能是指能量吸收装置或结构吸收的能量与其质量之比。

8. 饱和

饱和是指可用行程距离耗尽并伴随着一个力增加的现象，例如，座椅垂直方向变形的可用距离耗尽后撞击地板。对于吸能结构来说，饱和是指其变形的结构或材料被压缩使得载荷快速增加而变形增加很小的状态。

9. 隔板

隔板是指机身舱内垂直机身轴线从地板向上延伸的板状结构，它将飞机分隔成几个独立舱室的舱壁。座椅也可以安装在隔板上而不是地板上。

参 考 文 献

[1] 吴森堂,费玉华.飞行控制系统.北京:北京航空航天大学出版社,2005.
[2] 张弘,魏榕祥,等.通用飞机抗坠撞设计指南.北京:航空工业出版社,2009.
[3] Aircraft Crash Survival Design Guide. Volume 1. Design Criteria and Checklists. Simula Inc. 10016 South 51st Street, Phoenix, Arizona 85044,1989.

第3章 机身舱段结构坠撞运动学分析

3.1 坠撞过程中的运动关系

假设飞机垂直撞击一个刚硬的障碍物,如图 3-1 所示。飞机上固定的参照点 A 相对于地面坐标中一个固定点的垂向坐标设为 y,时间 t 内,A 点的位移设为 s。

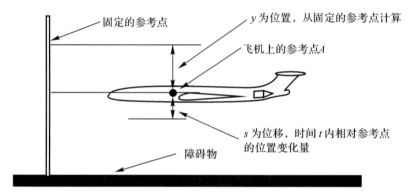

固定的参考点

y 为位置,从固定的参考点计算

飞机上的参考点 A

s 为位移,时间 t 内相对参考点的位置变化量

障碍物

图 3-1 飞机上参考点 A 在垂直撞击过程中的运动简图

如果位移 Δs 发生在一个时间间隔 Δt 中,飞机在这个时间间隔里的平均速度为

$$\bar{v} = \frac{\Delta s}{\Delta t} \tag{3-1}$$

如果时间增量非常小,可由式(3-1)得到瞬时速度,有

$$v = \lim_{\Delta t \to 0} \frac{\Delta s}{\Delta t} = \frac{\mathrm{d}s}{\mathrm{d}t} \tag{3-2}$$

如果在相同的时间间隔里飞机经历了一个速度的变化 Δv,在这个时间间隔里的平均加速度为

$$\bar{a} = \frac{\Delta v}{\Delta t} \tag{3-3}$$

相应的瞬时加速度为

$$a = \lim_{\Delta t \to 0} \frac{\Delta v}{\Delta t} = \frac{\mathrm{d}v}{\mathrm{d}t} \tag{3-4}$$

3.2 坠撞过程中的能量吸收

机身舱段坠撞过程中,通过结构的变形进行缓冲,消耗飞机坠撞的动能,达到衰减撞击力及控制客舱过载的作用。根据牛顿第二运动定律,力 F 作用于质量 m 产生一个加速度 a,

满足：

$$F = ma = m \frac{\mathrm{d}v}{\mathrm{d}t} \tag{3-5}$$

将式(3-1)代入上式,有

$$F = m \frac{\mathrm{d}v}{\mathrm{d}s} \frac{\mathrm{d}s}{\mathrm{d}t} = mv \frac{\mathrm{d}v}{\mathrm{d}s} \tag{3-6}$$

乘以位移变化量 $\mathrm{d}s$ 并且求积分,有

$$\int_{s_1}^{s_2} F \mathrm{d}s = \int_{v_1}^{v_2} mv \mathrm{d}v = \frac{1}{2} mv_2^2 - \frac{1}{2} mv_1^2 \tag{3-7}$$

质量 m 的动能定义为

$$T = \frac{1}{2} mv^2 \tag{3-8}$$

F 做的功 W 定义为

$$W = \int_{s_1}^{s_2} F \mathrm{d}s \tag{3-9}$$

作用力相对于位移曲线下的面积作用力做功,如图 3-2 所示。

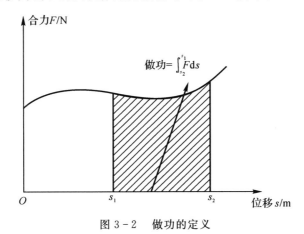

图 3-2　做功的定义

把式(3-9)应用于机身段坠撞情况,机身段以初始速度 v_0 撞击地面,撞击力给飞机结构一个垂直减速力,该作用力在位移 s 内使飞机的垂直速度降为 v(当飞机停止运动时速度为0),则

$$\int_0^s F \mathrm{d}s = \frac{1}{2} mv_0^2 - \frac{1}{2} mv^2 \tag{3-10}$$

飞机的动能由结构的塑性变形与破坏所耗散,为保护乘客,必须将减速度限制在一定范围内。

根据能量守恒定律,机身段坠撞的初始动能通过结构和地面的变形与破坏而耗散,假设机身段撞击过程中质量基本保持不变(结构基本保持完整,质量体的连接没有失效),则有

$$\frac{1}{2} M_A (v_0^2 - v_f^2) = U_G + U_d \tag{3-11}$$

式中　M_A——机身舱段质量;

　　　　v_0——机身舱段初始撞击速度;

v_f—— 撞击后的剩余速度；

U_G—— 通过撞击面变形和地面摩擦所耗散的能量；

U_d—— 通过结构变形及破坏所耗散的能量。

该方程表明，机身舱段初始撞击动能中减少的部分必须等于由地面和结构变形所吸收的能量。如果把机身结构分为 3 部分，即客舱下部结构、客舱结构和其他结构，则代表结构吸收能量的 U_d 可表示为

$$U_d = P_{av}s + U_s + U_c \qquad (3-12)$$

式中　P_{av}—— 客舱下部结构塌陷时的平均力；

　　　s—— 客舱下部结构的总体变形（高度降低）；

　　　U_s—— 除客舱和客舱下部结构以外的其他结构变形能；

　　　U_c—— 客舱变形时吸收的能量。

客舱变形能 U_c 表示客舱结构变形时所吸收的能量大小，可由方程（3-11）和（3-12）求出，则有

$$U_c = [M_A(v_0^2 - v_f^2)/2 - U_G] - (P_{av}s + U_s) \qquad (3-13)$$

总之，由于客舱结构直接为乘员提供生存空间，应使客舱结构直接吸收的能量相对较小，从而降低乘员过载，保证乘员生存空间。根据式（3-13），可得到使客舱内结构能量吸收减少的下述可行方法。

（1）增大客舱地板下部结构塌陷的平均撞击挤压力 P_{av}，可使客舱下部结构吸收的能量增加。这可以通过把客舱下部结构设计得比较强、提高结构的失效载荷水平来实现。但是这样可能增大乘员经受的过载，必须在增大 P_{av} 使客舱地板下部结构多吸收能量的益处与飞机减速度增大给乘员带来的害处之间做出合理的折衷选择。

（2）增大可行的变形距离 s，也将客舱地板下部结构的能量吸收能力变强，并在初始设计中加以考虑，需要增大客舱下部结构的可用高度。

（3）提高其他结构对坠撞能量的吸收能力，这主要在座椅系统的抗坠撞设计和行李架的抗坠撞设计中体现，通过座椅系统的能量吸收设计（主结构的塑性变形、高回弹坐垫等）限制乘员过载，降低结构设计要求。同时，在行李架设计中使用一定的能量吸收措施，如在保证整体结构不脱落的前提下，某些连接件可允许失效等。

参 考 文 献

[1]　Aircraft Crash Survival Design Guide：Volume Ⅲ — Aircraft Structural Crash Resistance. USAAVSCOM TR-89-D-22C. ADA218436. SIMULA INC，1989.

第4章 机身结构坠撞过程的数值计算方法

4.1 机身结构坠撞过程的数值描述

机身结构坠撞过程是典型的冲击动力学问题,涉及结构大变形、材料非线性和接触碰撞等非线性因素,结构在坠撞过程中变形和破坏与加载时间历程直接相关,必须采用增量方法对问题进行离散,即将与时间相关的各种控制量离散成某种时间序列,如 $t=0, t_1, \cdots, t_m, t_{m+1}, \cdots$ 然后在离散的时间点上求解数值解。求解方法根据参考位形选择的不同可分为更新的拉格朗日格式(Updated Lagrange Formulation)和完全拉格朗日格式(Total Lagrange Formulation)。更新的拉格朗日格式在计算 $[t, t+\Delta t]$ 区间的所有变量时,以 t 时刻的位形为参考位形,应力增量主要采用 Jaumann 应力率张量 $\sigma_{ij}^{\nabla J}$ 描述;应变增量采用变形率张量 D_{ij} 描述。完全拉格朗日格式以 $t=0$ 时刻的位形为参考位形,应力应变描述主要采用 Kirchhoff 应力 S_{ij} 和关于初始位形定义的 Green 应变 E_{ij}。

本章的民机机身结构坠撞数值分析基于通用计算软件,如 LS-DYNA 和 MSC-DYTRAN,这类软件主要采用更新的拉格朗日算法求解这类固体之间的冲击动力学问题,这里仅对更新拉格朗日格式进行描述。更新拉格朗日格式的基本思想是从当前位形基本控制方程出发,利用变分原理,推导出动量守恒、边界条件和内部连续条件的弱形式——虚功率方法,经过有限元离散,得到离散节点的运动微分方程,再利用显式积分算法进行求解。下文对 LS-DYNA 求解坠撞过程的数值方法进行简单介绍。

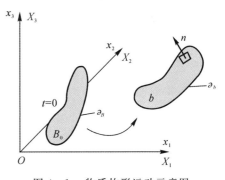

图 4-1 物质构形运动示意图

对于图 4-1 中描述的物体 B_0,我们关心其中各质点 $X_\alpha (\alpha=1, 2, 3)$ 运动到位置 $x_i (i=1, 2, 3)$ 的过程中,在固定直角笛卡儿坐标系内沿各坐标轴方向的变形历程。在拉格朗日格式下,t 时刻质点 X_α 的迁移坐标 x_i 可表示为

$$x_i = x_i(X_\alpha, t) \tag{4-1}$$

在 $t=0$ 时刻,位移和速度的初始条件为

$$x_i(X_\alpha, 0) = X_\alpha \tag{4-2}$$

$$\dot{x}_i(X_\alpha, 0) = v_i(X_\alpha) \tag{4-3}$$

4.2 更新拉格朗日格式的控制方程

对于现时构形中的一微元体，动量方程为

$$\sigma_{ij,j} + \rho f_i = \rho \ddot{x}_i \qquad (4-4)$$

在边界 ∂b_1 上的面力边界条件为

$$\sigma_{ij} n_i = t_i \qquad (4-5)$$

在边界 ∂b_2 的位移边界条件为

$$x_i(X_a, t) = D_i(t) \qquad (4-6)$$

在边界 ∂b_3 上的接触不连续条件为

$$(\sigma_{ij}^+ - \sigma_{ij}^-) n_i = 0 \qquad (4-7)$$

在内部不连续边界 ∂b_4 上，$x_i^+ = x_i^-$。

上式中，σ_{ij} 为柯西应力，ρ 为当前密度，f 为体力密度，$\ddot{x}$ 为加速度，n_i 为各边界上点的外法向。

质量守恒方程的一般形式为

$$\rho V = \rho_0 \qquad (4-8)$$

其中，V 为相对体积，ρ_0 为参考密度。

变形梯度矩阵 $\boldsymbol{F}_{ij}$ 可表示为

$$\boldsymbol{F}_{ij} = \frac{\partial x_i}{\partial X_J} \qquad (4-9)$$

能量密度的率形式表示为

$$\dot{E} = V s_{ij} \dot{\varepsilon}_{ij} - (p+q)\dot{V} \qquad (4-10)$$

式中，s_{ij} 和 p 为偏应力和压力，q 代表体积黏性，$\dot{\varepsilon}_{ij}$ 为应变率张量，则有

$$s_{ij} = \sigma_{ij} + (p+q)\delta_{ij} \qquad (4-11)$$

$$p = -\frac{1}{3}\sigma_{ij}\delta_{ij} - q = -\frac{1}{3}\sigma_{kk} - q \qquad (4-12)$$

式（4-10）对时间的积分用于状态方程分析和保持总体能量平衡。

由虚功率方法，以下方程成立，有

$$\int_V (\rho\ddot{x}_i - \sigma_{ij,j} - \rho f)\delta\dot{x}_i \mathrm{d}v + \int_{\partial b_1} (\sigma_{ij}n_j - t_i)\delta\dot{x}_i \mathrm{d}s + \int_{\partial b_3} (\sigma_{ij}^+ - \sigma_{ij}^-)n_j\delta\dot{x}_i \mathrm{d}s = 0$$

$$(4-13)$$

上式积分在当前几何构形上进行，应用散度原理可得

$$\int_v (\sigma_{ij}\delta\dot{x}_i)_{,j}\mathrm{d}v = \int_{\partial b_1} \sigma_{ij}n_j\delta\dot{x}_i\mathrm{d}s + \int_{\partial b_3} (\sigma_{ij}^+ - \sigma_{ij}^-)n_j\delta\dot{x}_i\mathrm{d}s \qquad (4-14)$$

注意到

$$(\sigma_{ij}\delta\dot{x}_i)_{,j} - \sigma_{ij,j}\delta\dot{x}_i = \sigma_{ij}\delta\dot{x}_{i,j} \qquad (4-15)$$

得到守恒方程的弱形式为

$$\delta\pi = \int_v \rho\ddot{x}_i\delta\dot{x}_i\mathrm{d}v + \int_v \sigma_{ij}\delta\dot{x}_{i,j}\mathrm{d}v - \int_v \rho f_i\delta\dot{x}_i\mathrm{d}v - \int_{\partial b_1} t_i\delta\dot{x}_i\mathrm{d}s = 0 \qquad (4-16)$$

对于当前构形中的一个有限元单元,其速度的插值形如:

$$\dot{x}_i(X_a,t)=\dot{x}_i(X_a(\xi,\eta,\zeta),t)=\sum_{j=1}^{k}\varphi_j(\xi,\eta,\zeta)\dot{x}_i^j(t) \qquad (4-17)$$

其中,φ_j 为参数坐标(ξ,η,ζ)下的形函数,k 为单元的节点数,x_i^j 为第 j 个节点在 i 方向的节点坐标。

对于域内的所有单元,$\delta\pi$ 可近似为

$$\delta\pi=\sum_{m=1}^{n}\delta\pi_m=0 \qquad (4-18)$$

进一步可表示为

$$\sum_{m=1}^{n}\left\{\int_{v_m}\rho\ddot{x}\phi_i^m\,\mathrm{d}v+\int_{v_m}\sigma_{ij}^m\phi_{i,j}^m\,\mathrm{d}v-\int_{v_m}\rho f_i\phi_i^m\,\mathrm{d}v-\int_{\partial b_1}t_i\phi_i^m\,\mathrm{d}s\right\}=0 \qquad (4-19)$$

其中

$$\phi_i^m=(\phi_1,\phi_2,\cdots,\phi_k)_i^m \qquad (4-20)$$

将上式改写为矩阵形式,有

$$\sum_{m=1}^{n}\left\{\int_{v_m}\rho\boldsymbol{N}^{\mathrm{T}}\boldsymbol{N}a\,\mathrm{d}v+\int_{v_m}\boldsymbol{B}^{\mathrm{T}}\boldsymbol{\sigma}\,\mathrm{d}v-\int_{v_m}\rho\boldsymbol{N}^{\mathrm{T}}\boldsymbol{b}\,\mathrm{d}v-\int_{\partial b_2}\boldsymbol{N}^{\mathrm{T}}\boldsymbol{t}\,\mathrm{d}s\right\}^n=0 \qquad (4-21)$$

$$\boldsymbol{\sigma}^{\mathrm{T}}=(\sigma_{xx},\sigma_{yy},\sigma_{zz},\sigma_{xy},\sigma_{yz},\sigma_{zx})$$

$$\begin{bmatrix}\ddot{x}_1\\\ddot{x}_2\\\ddot{x}_3\end{bmatrix}=\boldsymbol{N}\begin{bmatrix}a_{x1}\\a_{y1}\\\vdots\\a_{yk}\\a_{zk}\end{bmatrix}=\boldsymbol{N}a \qquad (4-22)$$

$$\boldsymbol{b}=\begin{bmatrix}f_x\\f_y\\f_z\end{bmatrix},\quad \boldsymbol{t}=\begin{bmatrix}t_x\\t_y\\t_z\end{bmatrix} \qquad (4-23)$$

其中,$\boldsymbol{N}$ 为插值矩阵,$\boldsymbol{\sigma}$ 为应力向量,$\boldsymbol{B}$ 为应变-位移矩阵,a 为节点加速度向量,$\boldsymbol{b}$ 为体力向量,$\boldsymbol{t}$ 为牵引载荷。

也可以改写为

$\boldsymbol{F}^{\mathrm{int}}=\int_{v_m}\boldsymbol{B}^{\mathrm{T}}\boldsymbol{\sigma}\,\mathrm{d}v$,为内力矩阵。

$\boldsymbol{F}^{\mathrm{ext}}=\int_{v_m}\rho\boldsymbol{N}^{\mathrm{T}}\boldsymbol{b}\,\mathrm{d}v+\int_{\partial b_1}\boldsymbol{N}^{\mathrm{T}}\boldsymbol{t}\,\mathrm{d}s$,为外力矩阵。

$\boldsymbol{M}=\int_{v_m}\rho\boldsymbol{N}^{\mathrm{T}}\boldsymbol{N}\,\mathrm{d}v$,为系统质量阵,与时间无关,只需要在初始时刻进行计算。

4.3　离散化运动方程的数值算法

式(4-21)一方面可理解为在当前物质构形下等效于动量守恒关系的离散化方程组,其中的各物理量均是已知的;另一方面是从式(4-21)出发,求解下一个时刻的物质变形及其各物理量,这是该式作为微分方程的意义所在。数值求解式(4-21)的方法分为显式积分和隐式积

分方法。对于撞击、爆炸以及高度非线性动力学问题一般宜采用显式方法,因为当质量阵适当处理成对角阵时,显式方法的时间积分不需要分解任何方程组系数,求解效率非常高;但同时受到临界时间步长的限制,这取决于单元的特征长度(受质量阵对角化的精度影响,一般单元的划分越小越好些;同时随变形程度的增大,单元的特征长度也在减小),因此求解的时间步长一般很小,约在微秒数量级,甚至更低。在以下的讨论中,假定质量矩阵已做了对角化处理。

应用最广泛的显式积分算法是中心差分方法,对复杂动力学问题,采用变时间步长的中心差分法是恰当的。为此,对时间步长有如下定义

$$\Delta t^{n+\frac{1}{2}} = t^{n+1} - t^n, \quad t^{n+\frac{1}{2}} = \frac{1}{2}(t^{n+1} + t^n), \quad \Delta t^n = t^{n+\frac{1}{2}} - t^{n-\frac{1}{2}} \tag{4-24}$$

式中,上标即指时间步长数,1/2 称为半步长或中点步长。关于时间步长的定义如图4-2所示。

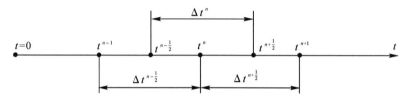

图4-2 中心差分法中的时间步长定义示意图

对速度的中心差分式,有

$$\dot{\boldsymbol{u}}^{n+\frac{1}{2}} \equiv \boldsymbol{v}^{n+\frac{1}{2}} = \frac{\boldsymbol{u}^{n+1} - \boldsymbol{u}^n}{t^{n+1} - t^n} = \frac{1}{\Delta t^{n+\frac{1}{2}}}(\boldsymbol{u}^{n+1} - \boldsymbol{u}^n) \tag{4-25}$$

于是,按中心差分得到的位移积分式为

$$\boldsymbol{u}^{n+1} = \boldsymbol{u}^n + \Delta t^{n+\frac{1}{2}} \boldsymbol{v}^{n+\frac{1}{2}} \tag{4-26}$$

对加速度的中心差分及积分式有

$$\ddot{\boldsymbol{u}}^n \equiv \boldsymbol{a}^n = \frac{\boldsymbol{v}^{n+\frac{1}{2}} - \boldsymbol{v}^{n-\frac{1}{2}}}{t^{n+\frac{1}{2}} - t^{n-\frac{1}{2}}}, \quad \boldsymbol{v}^{n+\frac{1}{2}} = \boldsymbol{v}^{n-\frac{1}{2}} + \Delta t^n \boldsymbol{a}^n \tag{4-27}$$

在实际计算中,速度的更新常采用以下两个半步长定义的积分式(参阅图4-2),有

$$\boldsymbol{v}^{n+\frac{1}{2}} = \boldsymbol{v}^n + (t^{n+\frac{1}{2}} - t^n)\boldsymbol{a}^n \quad \text{及} \quad \boldsymbol{v}^{n+1} = \boldsymbol{v}^{n+\frac{1}{2}} + (t^{n+1} - t^{n+\frac{1}{2}})\boldsymbol{a}^n \tag{4-28}$$

由以上的差分式计算定义,结合式(4-21),可以总结出显式积分算法的时间推进步骤:

(1)置 $n=0, t^n=0$;计算质量阵,并按初始条件计算 $n=0$ 时刻作用力。

(2)由式(4-21)计算 $n=0$ 时刻加速度。

(3)时间更新。

(4)第1次半步长速度更新。

(5)直接由 $\boldsymbol{v}^{n+\frac{1}{2}}$ 更新应变率张量和旋转张量。

(6)强置半步长速度边界条件。

(7)应力更新及计算作用力。

(8)由式(4-21)计算 $n+1$ 时刻加速度。

(9)第2次半步长速度更新。

(10)节点位移及构形更新。

（11）$n+1$ 时间步能量平衡检查（用于判断数值计算稳定的可控性）。

（12）更新时间步数 $n=n+1$，若未完成总计算时间返回步骤（3）。

4.4　应　力　更　新

LS-DYNA 中默认采用 Jaumann 应力率以及实际的转动张量来获取应力导数，应力导数可表示为

$$\dot{\sigma}_{ij} = \sigma_{ij}^{\nabla} + \sigma_{ik}\omega_{kj} + \sigma_{jk}\omega_{ki} \tag{4-29}$$

其中，$\omega_{ij} = \dfrac{1}{2}\left(\dfrac{\partial \boldsymbol{v}_i}{\partial x_j} - \dfrac{\partial \boldsymbol{v}_j}{\partial x_i}\right)$ 为转动偏量。

$\sigma_{ij}^{\nabla} = \boldsymbol{C}_{ijkl}\dot{\boldsymbol{\varepsilon}}_{kl}$ 为 Jaumann 应力率，$\boldsymbol{C}_{ijkl}$ 为应力本构矩阵，$\boldsymbol{v}_i$ 为速度向量，$\dot{\boldsymbol{\varepsilon}}_{kl}$ 为应变率张量。

应力更新给出了 $n+1$ 时刻有限元网格单元上的应力（LS-DYNA 软件通常给出各单元形心处的应力），为 $n+1$ 时刻单元内部节点力计算做好准备。应力更新的计算关键在于要处理形变过程中因转动而带来的应力状态变化问题。对于显式积分方法，采用线化应力更新具有足够的精度，即

$$\sigma_{ij}^{n+1} = \sigma_{ij}^n + \sigma^{\nabla n+\frac{1}{2}}\Delta t^{n+\frac{1}{2}} \tag{4-30}$$

其中

$$\Delta\varepsilon_{kl}^{n+\frac{1}{2}} = \dot{\varepsilon}_{ij}^{n+\frac{1}{2}}\Delta t^{n+\frac{1}{2}} \tag{4-31}$$

4.5　接　触　力　计　算

在坠撞过程中，机身结构与撞击面、机身结构内部都会有明显的碰撞，碰撞载荷随时间、结构变形而变化，一般对两碰撞物体分别建立有限元模型，通过位移协调条件和动量方程求解接触载荷。在计算过程中，需经常插入接触截面搜索步骤以获得接触力的更新，罚函数方法是最常用的接触力处理算法。

罚函数法在接触界面上通过定义接触单元来获得接触刚度，或者通过撞击物的结构尺寸与结构刚度计算接触刚度，用接触刚度与接触位移的乘积来计算接触力。它的物理意义相当于在从节点与被穿透表面之间放置一个弹簧，以限制从节点对主表面的穿透。罚函数方法的固有缺陷是求解出的接触力、撞击速度与加速度都是振荡的，振荡的程度与所选取的罚因子数值相关，但可以通过减小时间步长等方法降低振荡。罚函数方法原理简单，编程容易，很少激起沙漏效应，没有数值噪声，且算法动量守恒准确。LS-DYNA 中采用的是对称罚函数法。

图 4-3 所示为两个物体 A 和 B 相互接触的情形。${}^0V^A$ 和 ${}^0V^B$ 是它们初始时刻的位形，${}^tV^A$ 和 ${}^tV^B$ 是它们相互接触的现时位形，${}^tS_c$ 是该时刻两物体相互接触的界面，此界面在两物体中分别记作 ${}^tS_c^A$ 和 ${}^tS_c^B$。通常称物体 A 为主体（Master）或接触体（Contactor），物体 B 为从体（Slave）或目标体（Target），并称 ${}^tS_c^A$ 和 ${}^tS_c^B$ 分别为从接触面和主接触面。接触界面条件包括法向接触条件和切向接触条件两类，前者是以判断物体是否进入接触以及已进入接触应该遵守的条件，后者用以判断已接触的接触面的具体接触状态。

法向接触不可侵入条件为

$$g_N = (u^A - u^B)n^B \geqslant 0 \tag{4-32}$$

法向接触力的压力条件为

$$F_N^A = -F_N^B \geqslant 0 \tag{4-33}$$

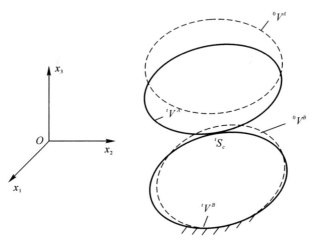

图 4-3　两个物体的接触

切向摩擦力条件（采用库伦摩擦模型）为

$$\left. \begin{array}{ll} v_T^A - v_T^B = 0, & |F_T^A| < \mu |F_T^B| \\ v_T^A - v_T^B \neq 0 \text{ 且} (v_T^A - v_T^B)F_T^A < 0, & |F_T^A| = \mu |F_T^B| \end{array} \right\} \tag{4-34}$$

式中，v 代表接触点对中从节点相对于主节点沿接触面的滑动速度，μ 为摩擦系数。

对称罚函数搜索主要有以下步骤。

（1）对任何一个从节点 n_s，搜索与之最近的主节点 m_s。

（2）检查与主节点 m_s 有关的所有主单元面，确定从节点 n_s 穿透主表面时可能接触的主单元表面。若主节点 m_s 与从节点 n_s 不重合，当满足式（4-35）时，从节点 n_s 与主单元面 s_i 接触。

$$\left. \begin{array}{l} (c_i \times s) \cdot (c_i \times c_{i+1}) > 0 \\ (c_i \times s) \cdot (s \times c_{i+1}) > 0 \end{array} \right\} \tag{4-35}$$

式中，c_i 与 c_{i+1} 是主单元面上在 m_s 点的两条边矢量；g 为主节点 m_s 指向从节点 n_s 的矢量；矢量 s 是矢量 g 在主单元面上的投影（见图 4-4）：

$$S = g - (g \cdot m)m, \quad m = (c_i c_{i+1})/|c_i c_{i+1}| \tag{4-36}$$

如果 n_s 接近或位于两个单元面交线上，上述不等式可能不确定，这时：

$$s = \max(gc_i/|c_i|) \tag{4-37}$$

（3）确定从节点 n_s 在主单元面上的接触点 c 的位置。主单元面上任一点位置矢量可用下式表示（见图 4-5）：

$$r = f_1(\xi, \eta)i_1 + f_2(\xi, \eta)i_2 + f_3(\xi, \eta)i_3 \tag{4-38}$$

其中

$$f_i(\xi, \eta) = \sum_{j=1}^{4} \varphi_j(\xi, \eta)x_i^j, \quad \varphi_j(\xi, \eta) = \frac{1}{4}(1 + \xi_{j\xi})(1 + \eta_j \eta)$$

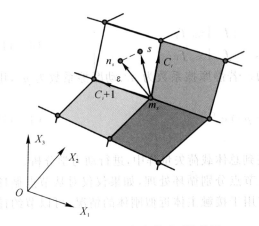

图 4-4 向量 g 向主单元面的投影

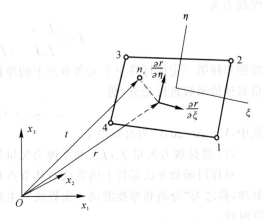

图 4-5 从节点与主单元面的关系

x_i^j 是单元第 j 节点 x_i 坐标值,$\boldsymbol{i}_1,\boldsymbol{i}_2,\boldsymbol{i}_3$ 是 x_1,x_2,x_3 坐标轴的单位矢量,则接触点 $c(\xi_c,\eta_c)$ 位置为下式的解,即

$$\left.\begin{aligned}\frac{\partial r}{\partial \xi}(\xi_c,\eta_c)\left[t-r(\xi_c,\eta_c)\right]=0\\\frac{\partial r}{\partial \eta}(\xi_c,\eta_c)\left[t-r(\xi_c,\eta_c)\right]=0\end{aligned}\right\} \tag{4-39}$$

(4)检查从节点是否穿透主面。若 $l=\boldsymbol{n}_i\cdot\left[t-r(\xi_c,\eta_c)\right]<0$,则表示从节点 n_s 穿透含有接触点 $c(\xi_c,\eta_c)$ 的主单元面。其中 $\boldsymbol{n}_i$ 是接触点主单元面的外法线单位矢量,有

$$\boldsymbol{n}_i=\frac{\partial r}{\partial \xi}(\xi_c,\eta_c)\frac{\partial r}{\partial \eta}(\xi_c,\eta_c)\bigg/\left|\frac{\partial r}{\partial \xi}(\xi_c,\eta_c)\frac{\partial r}{\partial \eta}(\xi_c,\eta_c)\right| \tag{4-40}$$

如果 $l\geqslant0$,则表示从节点 n_i 没有穿透主单元面,也即量物体没有发生接触或碰撞,不做任何处理,开始搜索下一个从节点 n_{i+1}。

(5)若从节点穿透主面,则在从节点 n_s 和接触点 c 间施加法向接触力 $\boldsymbol{f}_s$,有

$$\boldsymbol{f}_s=-lk_i\boldsymbol{n}_i \tag{4-41}$$

其中,$\boldsymbol{n}_i$ 仍是接触点处主单元面的外法线单位矢量,k_i 为主单元面的刚度因子,有

$$k_i=\begin{cases}fK_iA_i^2/V_i,&\text{对实体单元}\\fK_iA_i^2/L_i,&\text{对板壳单元}\end{cases} \tag{4-42}$$

式中,K_i 为接触单元的体模量,A_i 为主单元面面积,V_i 为主单元体积,L_i 为板壳单元最大对角线长度,f 为接触刚度比例因子。

在从节点 n_s 上附加接触力矢量 $\boldsymbol{f}_s$,根据牛顿第三定律,在主单元面的接触点 c 作用一反方向的作用力 $-\boldsymbol{f}_s$,按照下式将 c 点的接触力等效分配到主单元的节点上,即

$$\boldsymbol{f}_{jm}=-\phi_j(\xi_c,\eta_c)\boldsymbol{f}_s,\quad j=1,2,3,4 \tag{4-43}$$

其中,$\phi_j(\xi_c,\eta_c)$ 为主单元面上的二维形函数,且在接触点 c 有 $\sum\limits_{j=1}^{4}\phi_j(\xi_c,\eta_c)=1$。

(6)计算切向接触力。若从节点 n_s 的法向接触力为 $\boldsymbol{f}_s$,则最大摩擦力 $f_Y=\mu|\boldsymbol{f}_s|$,$\mu$ 为摩擦系数。设上一时刻 t 从节点 n_s 的摩擦力为 $\boldsymbol{f}$,则当前时刻 $(t+\Delta t)$ 可能的摩擦力(试探摩擦力)$\boldsymbol{f}^*=\boldsymbol{f}-k\Delta e$,$k$ 为截面刚度,$\Delta e=r^{t+\Delta t}(\xi_c^{t+\Delta t},\eta_c^{t+\Delta t})-r^{t+\Delta t}(\xi_c,\eta_c)$ 为穿透量。则当前时刻的

摩擦力为

$$f = \begin{cases} f^*, & |f^*| \leqslant f_Y \\ f_Y f^* / |f^*|, & |f^*| \leqslant f_Y \end{cases} \tag{4-44}$$

按照牛顿第三定律计算主单元各节点上的摩擦力。若静摩擦系数为 μ_s、动摩擦系数为 μ_d，用指数插值函数进行光滑，则

$$\mu = \mu_d + (\mu_s - \mu_d)\, e^{-C|V|} \tag{4-45}$$

其中，$V = \Delta e / \Delta t$，C 为衰减因子。

（7）将接触力矢量 f_s，f_{jm} 和摩擦力矢量组装到总体载荷矢量阵中，进行动力学分析。

对称罚函数方法是将上诉算法对从节点和主节点分别循环处理，如果仅仅对从节点循环处理，称之为"分离和摩擦滑动一次算法"，主要应用于接触主体近似刚体的情况，可以节约计算时间。

参 考 文 献

[1] Ted B，wing K l，Brian M. 连续体和结构的非线性有限元. 庄苗，等，译. 北京：清华大学出版社，2002.

[2] 黄筑平. 连续介质力学基础. 北京：高等教育出版社，2003.

[3] Stronger W J. Impact Mechanics. Cambridge University Press，2000.

[4] 姜晋庆，张铎. 结构弹塑性有限元分析法. 北京：宇航出版社，1990.

[5] 卞文杰，万力，吴莘馨. 瞬态动力学 CAE 解决方案——MSC. Dytran 基础教程. 北京：北京大学出版社，2004.

[6] John O H. LS-DYNA 3D Theoretical Manual. Livemore Technology Corporation，CA 9450，USA，1993.

[7] Timothy D S，John R B. Finite Element Simulation of Ballistic Impact in Survivability Studies. AIAA，2004：2059.

[8] Aircraft Crash Survival Design Guide. Volume Ⅲ — Aircraft Structural Crash Resistance，USAAVSCOM TR-89-D-22C，ADA218436，SIMULA INC. 1989.

第5章　民机机身结构金属材料与连接件的动态力学性能

材料的力学性能是工程材料的重要使用性能,是指材料在外力、温度、环境等因素的共同作用下所表现的抵抗变形和破坏的能力。当结构受到冲击载荷作用时,结构以较高的应变速率变形。许多材料对应变率非常敏感,在动态载荷作用下表现出的力学性能明显不同于静态和准静态情况,一般而言,随着应变率的提高,材料的屈服极限、强度极限将会提高,同时会发生延伸率降低、屈服滞后、断裂滞后等现象。本章简单介绍了民机机身舱段结构铝合金材料的动力学性能及其本构描述、动力学试验装置及其特点以及简单连接件的动态试验研究。

5.1　航空铝合金材料动力学特性

民机金属机身舱段大量使用 2000 系列和 7000 系列铝合金材料,其中机身框采用 7075 -T62,机身框剪切角片采用 7075 - T7451,蒙皮采用 2524 - T3,上壁板长桁、角片等采用 2024 -T3,下壁板长桁、角片等采用 7050 - T7451 等。本节在介绍动力学试验装置的基础上,给出2024 - T3 铝合金材料的动态力学性能测试曲线。

5.1.1　材料动态力学性能试验方法

1. 试验测试装置

准静态的材料力学性能测试作为材料力学性能最基础的测试手段,该技术发展的相对比较成熟,已形成了相关的试验标准和规范。采用这些标准和规范,可在进行材料力学性能测试过程中起到较好的约束作用,使得测试结果具有较好的数据通用性和一致性,有利于不同试验室进行测试数据的对比和材料基础力学性能参数的相互引用。固体力学的静力学理论是研究静力平衡状态下的力学行为,忽略介质微元的惯性作用,而动态冲击载荷作用时间往往以毫秒甚至微秒计,必须考虑微元的惯性效应和流动效应。这一范围内的动力学问题必须考虑微元体的惯性效应的影响,由于材料动力学性能的复杂性以及测试手段的限制,材料的动态力学性能测试的技术发展要落后于常规的静力学性能测试的发展水平。

在可生存的坠撞条件下,结构受载的应变率主要集中在中应变率范围(应变率在 $10^2/s$ 量级),获得材料中等应变率动态力学特性的试验装置大多使用蓄能原理,如利用压缩气体内能的气锤试验机,利用势能的落锤试验机,利用惯性能的旋转飞轮试验机以及综合利用气体蓄能器和高压液压作动器的高速液压伺服试验机等。这些试验机最大加载速度一般可达 $20\ \text{m/s}$,可模拟的应变率范围一般为 $0.1\sim1\ 000/s$。另一类常用的试验装置为分离式霍普金森杆装置,该装置适用于应变率 $10^3/s\sim10^4/s$ 左右的材料中高应变率力学性能实验。表 5 - 1 给出了不同应变率范围内常用动力学测试方法。现在重点介绍高速液压伺服材料试验机和 SHPB装置。

表 5-1　不同应变率下材料力学特性的测试方法

应变率/s^{-1}	测试方法	备注
$10^{-9} \sim 10^{-5}$	传统的试验机 蠕变试验机	惯性力可忽略
$10^{-5} \sim 100$	液压试验机	
$10^{2} \sim 10^{3}$	高速液压试验机 气动试验机 凸轮塑性计 落重试验 旋转飞轮试验	惯性力效应
$10^{3} \sim 10^{5}$	Taylor 试验 Hopkinson 杆 膨胀环试验	惯性力效应 应力波的影响 热力学效应
$10^{5} \sim 10^{7}$	爆炸试验 平板撞击试验 斜板撞击试验	惯性力效应 应力波的影响 热力学效应

（1）高速液压伺服材料试验机。以中国飞机强度研究所的高速液压材料试验机为例（INSTRON VHS 160/100-20），该试验机由液压源、水冷机组、机架和控制系统 4 部分组成（见图 5-1），通过一套特殊的加载装置（液压作动缸与气体蓄能器的组合）提供加载能量。该试验机可以进行材料的恒应变率拉伸、压缩、穿透等动态力学性能测试，通过特殊的动夹持装置实现材料的恒应变率动态加载，其最大拉伸/压缩速度为 20m/s，可承受的最大冲击动载为100 kN。

（2）SHPB 装置。在材料科学领域中，测量材料高应变率下的动力学性能使用较为广泛的是 SHPB 装置。这一方法最早是由Hopkinson 于 1914 年提出，Kosky 于 1948 年对这一技术进行了改进，使之更加完善。该试验方法的基本原理是：将短试样置于两根压杆之间，通过加速的质量块、短杆撞击或炸药爆炸产生加速脉冲，对试样进行加载。同时利用黏贴在压杆上并距杆端部一定距离的应变片来记录脉冲信号。如果压杆保持弹性状态，那么杆中的脉冲将以弹性波速 $c = (E/\rho)^{1/2}$ 无失真地传播。黏贴在压杆上的应变片就能够测

图 5-1　高速液压伺服材料试验机

量到作用于杆端的载荷随时间的变化历程，当然，测得的信号在时间上有一定的滞后。

图 5-2　SHPB 装置

图 5-2 所示为中国飞机强度研究所的 SHPB 装置图,其中的入射杆和透射杆均是由高强度合金钢加工而成的,通常用支座将其稳定地支撑在底座上,各杆间保证同轴。两根压杆与试样的接触端必须加工平整,使试样与压杆端面充分接触,以保证应力波传播过程中无散射发生。通常撞击杆与入射杆及透射杆用相同材料制成,且有相同的直径,但撞击杆的长度要小于入射杆和透射杆的长度。撞击杆采用压缩空气装置驱动,并以一定的速度撞击到入射杆端。在试验过程中,需保证应力波在各杆中的传播接近于一维纵波,因此需要撞击杆、入射杆和透射杆应该是同轴状态,且屈服强度足够高,使得入射杆和透射杆在试验过程中始终处于弹性变形状态,且一般具有相同的直径和材质,即弹性模量 E、波速 c_0 和波阻抗 $\rho_0 c_0$ 均相同,这样可保证应力波的幅值能用贴在杆上的应变片来测定。但当弹性压缩波穿过入射杆进入试件中时,该脉冲的应力幅值足以使试件进入塑性变形状态。当压缩气体驱动长度为 L_0 的撞击杆以速度 v_0 撞击输入杆时,产生入射脉冲载荷 $\sigma_I(t) = \rho c v_0/2$,幅值大小可以通过调整撞击速度来控制,脉冲历时长度 $t = 2L_0/c$ 可以通过调节撞击杆长度 L_0 来控制。

在试验测试过程中,需注意以下两点:其一,入射杆和透射杆的长度应远大于撞击杆的长度,这是确保在入射杆和透射杆中长度为 $2L_0$ 的压缩脉冲,由应变片记录下来时不受远端反射的影响,即确保应变片采集到的信号是干净的;其二,试件长度应远小于撞击杆的长度,这样是确保压缩脉冲能在试件内进行多次内反射,使试件达到一种均匀的应力和应变状态。下式中的 ε_I、ε_R、ε_T 分别表示为由应变片测量得到的入射、反射和透射信号,A_s 是试件的横截面积,L 是试件的长度,A 和 E 分别是压杆的横截面积和弹性模量,根据一维应力波理论可推得试件的应力、应变及应变率关系式,则

$$\varepsilon_s(t) = \frac{2c_0}{L} \int_0^t \varepsilon_R(t) \, dt \tag{5-1}$$

$$\sigma_s(t) = E \left(\frac{A}{A_s} \right) \varepsilon_T(t) \tag{5-2}$$

$$\dot{\varepsilon}_s(t) = \frac{2c_0}{L} \varepsilon_R(t) \tag{5-3}$$

2. 铝合金材料动态拉伸力学性能测试

典型金属材料的动态拉伸力学性能试验规范参照 ISO26203-2 进行,如图 5-3 所示为典型的铝合金动态拉伸试验件示意图,试验件由试验段、过渡段、非试验段组成,其中非试验段包括静夹持段和动夹持段两部分。准静态试验设备为万能材料试验机(INSTRON 8801-4),试

验件设计和试验实施过程参照《金属材料室温拉伸试验方法》(GB/T 228—2002)要求进行,用于准静态拉伸试验的试验件与高速拉伸试验件使用同批次材料,加工工艺要求相同。

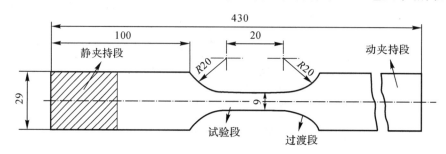

图 5-3　典型金属动态拉伸试验件

　　典型金属元件的动态拉伸试验需测试的物理参数包括动态拉伸过程中的拉伸载荷和试件试验段的应变。需要指出的是,当拉伸速度超过 1m/s 后,试验机自带的载荷传感器所测得的拉伸载荷在塑性段出现剧烈振荡,将掩盖材料动态拉伸过程的真正力学行为,无法得到屈服极限、强度极限等关键材料参数,这是由于在动态拉伸过程中,加载系统的惯性效应及应力波的影响所致。金属材料为黏塑性材料,基于金属材料弹性变形阶段应力-应变关系服从线性分布的特征,通过测试非试验段的弹性变形进行拉伸载荷的间接测试,可较好地消除高速拉伸过程中的载荷低频振荡问题,载荷间接测试方法如图 5-4 所示,在试件两侧对等位置贴应变片组成惠斯顿电桥,消除微小弯曲变形对测试精度的影响。

　　在进行材料动态力学性能测试中,可供选择的拉伸应变常规测试手段有试验机自带的位移传感器、接触式的引伸计、应变片。但以上测试手段在实际应用中均存在较大的局限性及测试精度上的问题,如位移传感器无法回避夹头间隙及试件非试验段变形的影响;动态测试一般在毫秒量级内完成,出于对测试设备的保护,无法在动态测试中应用接触式的引伸计;通过在试验段贴应变片可对拉伸应变进行直接测量,但由于常规的金属材料为塑性材料,具有较强的变形行程,使得应变片的测试量程远远不能满足测试要求。基于高速摄像的动态拉伸应变非接触测试方法在材料的动态拉伸力学性能测试中已得到较好的应用,如图 5-5 所示。该方法通过高速摄像机实时采集目标区域变形阶段的散斑图像,利用数字图像相关算法经后处理实现试件表面变形点的匹配,通过比较每一变形状态测量区域内各点的坐标的变化得到物面的位移场,进一步计算得到物面应变场。

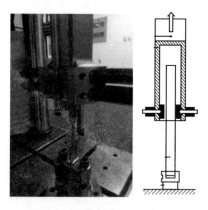

图 5-4　材料动态拉伸夹持方式

图 5-5　非接触测试系统

金属元件动态拉伸试验测试结果包括拉伸载荷-时间数据、拉伸应变-时间数据,这些数据需处理成各拉伸速度(或拉伸应变率)下的应力-应变数据。动态拉伸试验结果仅取材料屈服强度 σ_s 和强度极限 σ_b 之间的数据,即仅研究不同拉伸应变率下金属材料进入塑性强化阶段的数据,图 5-6～图 5-9 所示为 2024-T3 铝合金在不同拉伸速度下的典型应力-应变曲线结果。

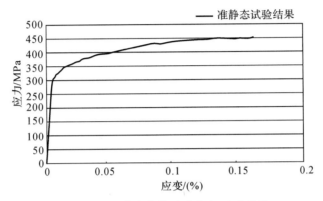

图 5-6　准静态拉伸试验应力-应变曲线

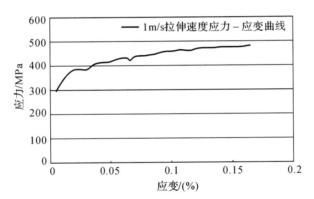

图 5-7　1 m/s 拉伸试验应力-应变曲线

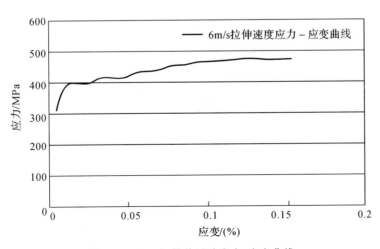

图 5-8　6 m/s 拉伸试验应力-应变曲线

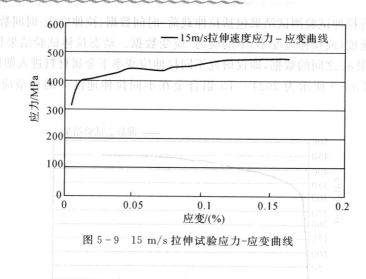

图 5-9   15 m/s 拉伸试验应力-应变曲线

5.1.2   材料动态力学本构表征

材料动态力学性能测试的目的之一是获得经试验验证的率相关动态本构关系,已经发展的材料本构模型共计有数十种,大多数的本构关系表现为应力与应变、应变率、温度相关的解耦函数关系,在众多的本构关系中,多数是在众多试验数据的基础上提出的经验式。

Johnson-Cook 本构模型因综合考虑了应变强化效应、应变率效应及温度效应,且形式简单,具有清晰的物理解释,因此得到了较为广泛的应用,即

$$\sigma = (A + B\varepsilon^n)(1 + C\ln\dot{\varepsilon}^*)(1 - T^{*m}) \tag{5-4}$$

式中 ε——等效应变;

$\dot{\varepsilon}^*$——无量纲的塑性应变率;

T^*——表示归一化的温度。

上式共有 5 个待求系数,为材料在参考应变率和参考温度下的屈服强度,结合试验结果,参考应变率为 $10^{-3}\ s^{-1}$, B 和 n 为应变强化系数,C 为应变率敏感系数,m 为温度软化系数。其中,在应变强化项中的待求参数 A, B 和 n 由静态拉伸实验数据得到,仅取强化段的数据(屈服极限到强度极限之间的数据)进行拟合,拟合结果如图 5-10 所示。

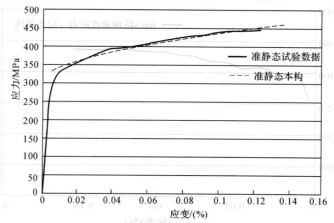

图 5-10   准静态试验数据和本构拟合曲线对比图

由准静态试验数据已经得到应变强化项的材料参数,由此,可对该本构模型进行简化,在给定的工程应变 ε_i 下,Johnson - Cook 本构模型可简化为

$$\sigma_i = u_i + v_i \ln \dot{\varepsilon}^* \tag{5-5}$$

其中,$u_i(\varepsilon_i) = A + B\varepsilon_i^n$,$v_i(\varepsilon_i) = u_i C$。由不同状态下的动态拉伸实验数据,可在给定的应变 ε_i 下进行参数拟合得到 u_i,v_i,由最小二乘法原理,拟合函数能最佳反映目标函数的最优解为拟合残差的平方和具有最小值,据此,应变率相关系数 C 可表达为

$$C = \frac{\sum u_i v_i}{u_i^2} \tag{5-6}$$

依次取屈服阶段的 1%,4%,7% 三个给定应变参与拟合计算,经计算得到 $C = 0.008\,8$。Johnson - Cook 本构模型即为

$$\sigma = (309 + 434.5\varepsilon^{0.532})(1 + 0.008\,8\ln\dot{\varepsilon}^*) \tag{5-7}$$

图 5-11～图 5-13 所示分别为 1 m/s,6 m/s 和 15 m/s 3 个拉伸速度下的实验数据和动态本构关系对比图。需要说明的是,本试验均在常温下进行,因此 Johnson - Cook 本构模型中的温度相关项为 0。由图可见,拟合本构关系和各拉伸速度(或应变率)的应力-应变曲线具有较好的一致性,说明该本构方程可表征试验拉伸速度下的材料动态应力-应变关系,又由该本构关系率相关系数为正,表明该金属材料具有一定的率相关特性。

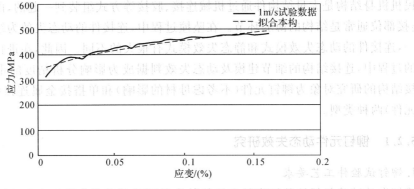

图 5-11　1 m/s 拉伸速度下试验应力-应变关系和拟合本构关系对比

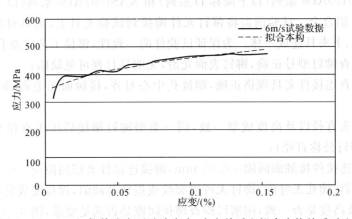

图 5-12　6 m/s 拉伸速度下试验应力-应变关系和拟合本构关系对比

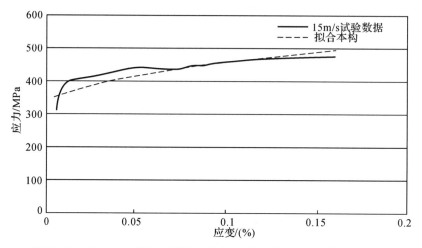

图 5-13　5 m/s 拉伸速度下试验应力-应变关系和拟合本构关系对比

5.2　金属连接结构动态失效模式研究

民机机身结构是大量结构件通过机械连接、胶接等方式组装到一起的,由于应力集中等原因,连接部位通常是结构的薄弱环节。在坠撞过程中,连接件的动态失效为结构的主要失效模式之一,连接件的动态失效模式和静态失效模式有很大的不同。因此,在进行结构坠撞有限元分析的过程中,连接结构的细节建模及动态失效判据成为影响分析精度的重要因素。本节金属连接结构的研究对象为铆钉元件(不考虑母材的影响)和单搭接金属连接结构(考虑母材和连接元件)两种类型。

5.2.1　铆钉元件动态失效研究

1. 铆钉试验件工艺要求

铆钉失效试验包括纯剪切失效和纯拉伸失效两种模式,工程上单剪破坏最为常见。单剪试验铆钉为 MS20470AD6 系列(以下简称 D 系列)和 NAS1097AD6 系列(以下简称 E 系列),材料为 2117-T4 铝合金。试验前需将铆钉元件铆接到试验夹具上,夹具材质为高强度合金钢,通过铆钉将上、下夹具连成一体。为保证试验件的一致性,铆接工艺主要有下述要求。

(1)铆接前检查铆钉型号正确,铆钉表面光滑,无明显目视可见缺陷;

(2)铆接前检查连接件夹具规格正确,铆接孔中心对齐,接触面无毛刺,如有毛刺,清除孔边毛刺;

(3)铆接后压头直径以及高度成型一致,同一类型铆钉铆接后压头直径及高度相差均在 $0.2d$ 以内(d 为铆钉公称直径);

(4)铆钉头与连接件接触面间隙<0.05 mm,铆接连接件夹层间隙应<0.15 mm;

(5)铆钉无歪斜、铆孔无缝隙、铆钉无可视裂纹或损伤等缺陷,铆接完成后用游标卡尺检查铆接后压头直径及高度是否一致,用塞尺检查铆接间隙是否满足要求,图 5-14 所示为铆接完成的试验件和工艺一致性检查工具。

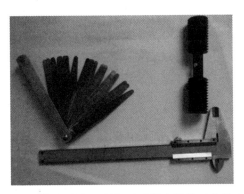

图 5-14　铆接完成的纯剪切试验件和铆接工艺检查工具

2. 铆钉准静态失效试验

试验测量项目包括试验过程中铆钉的剪切载荷数据(剪切破坏时)或拉伸载荷数据(拉伸破坏时)以及铆钉破坏过程中的随动位移数据。通过试验机自带的载荷传感器实现载荷数据的测量,通过接触式引伸计实现随动位移的测量,如图 5-15 所示。

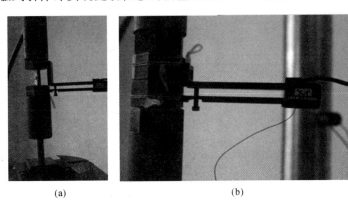

(a)　　　　　　　　　　　　(b)

图 5-15　铆钉准静态剪切/拉伸失效试验安装状态

(a)铆钉剪切失效试验状态;　(b)铆钉拉伸失效试验状态

在铆钉的纯剪切试验中,失效部位均为连接试块接触面上的铆钉面,且呈现纯剪切拉脱,如图 5-16 所示。在纯拉伸试验中,D 系列的铆钉破坏位置均为敦实圆柱口与连接试块的接触面,E 系列铆钉的失效位置为铆钉沉头过渡面与连接试块的接触部位。

图 5-16　剪切破坏后铆钉断口

D 系列铆钉准静态失效试验数据见表 5-2,图 5-17 所示为该系列铆钉准静态失效试验载荷位移曲线,其中,图 5-17(a)和(b)为准静态拉伸载荷位移曲线,图 5-17(c)和(d)为准静态剪切载荷位移曲线。

表 5-2 D 系列铆钉准静态失效试验数据

试件编号	失效载荷/kN	失效载荷对应位移/mm	失效形式
LD-1	5.256	0.383	拉伸破坏
LD-2	5.188	0.434	拉伸破坏
JD-1	4.816	0.713	剪切破坏
JD-2	4.835	0.707	剪切破坏
备注	试件编号中:"L"代表拉伸试验;"J"代表剪切试验;"D"代表 D 系列铆钉,以下相同		

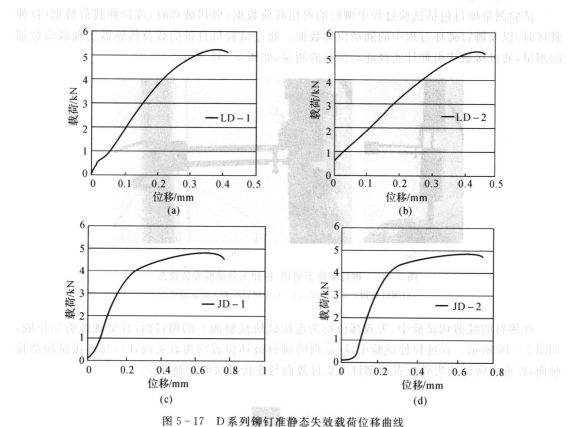

图 5-17 D 系列铆钉准静态失效载荷位移曲线
(a)LD-1 试件载荷位移曲线; (b)LD-2 试件载荷位移曲线;
(c)JD-1 试件载荷位移曲线; (d)JD-2 试件载荷位移曲线

E 系列铆钉准静态失效试验数据见表 5-3,图 5-18 所示为该系列铆钉准静态失效试验载荷位移曲线,其中,图 5-18(a)和(b)为准静态拉伸载荷位移曲线,图 5-18(c)和(d)为准静态剪切载荷位移曲线。

表 5 - 3 E 系列铆钉准静态失效试验数据

试件编号	失效载荷/kN	失效载荷对应位移/mm	失效形式
LE - 1	5.213	0.388	拉伸破坏
LE - 2	5.018	0.521	拉伸破坏
JE - 1	4.597	0.779	剪切破坏
JE - 2	4.520	0.819	剪切破坏

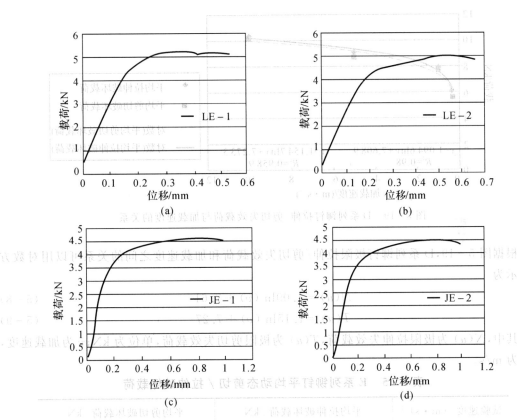

图 5 - 18 E 系列铆钉准静态失效载荷位移曲线

(a)LE - 1 试件载荷位移曲线； (b) LE - 2 试件载荷位移曲线；

(c)JE - 1 试件载荷位移曲线； (d)JE - 2 试件载荷位移曲线

3.铆钉动态失效试验

铆钉动态试验使用的试验夹具与准静态试验一致,考虑到动态加载下更大的分散性,每个加载速度下至少完成 5 颗铆钉的失效试验,破坏载荷取其平均值,每个加载速度下 D 系列和 E 系列铆钉的动态剪切和动态拉伸试验结果见表 5 - 4 和表 5 - 5。对比可发现,铆钉的拉伸失效载荷和剪切失效载荷与加载速度直接相关,随着加载速度的增大,其动态拉伸失效载荷和剪切失效载荷也在明显增大,且 1 m/s 的加载速度是明显的拐点。

表5-4 D系列铆钉平均动态剪切/拉伸破坏载荷

试验速度/(m·s^{-1})	平均拉伸破坏载荷/kN	平均剪切破坏载荷/kN
0.3	6.16	5.65
1	7.89	7.74
5	9.10	8.76
10	10.25	10.07

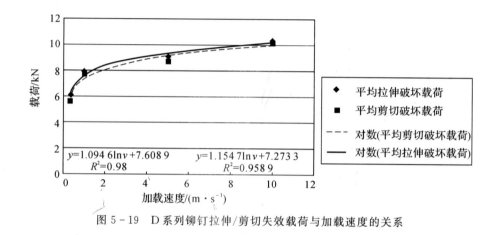

图5-19 D系列铆钉拉伸/剪切失效载荷与加载速度的关系

根据图5-19,D系列铆钉极限拉伸/剪切失效载荷和加载速度之间的关系可以用对数方程表示为

$$N(u) = 1.09\ln(v) + 7.61 \qquad (5-8)$$
$$T(u) = 1.15\ln(v) + 7.27 \qquad (5-9)$$

其中,$N(u)$为极限拉伸失效载荷,$T(u)$为极限剪切失效载荷,单位为 kN;v为加载速度,单位为 m/s。

表5-5 E系列铆钉平均动态剪切/拉伸破坏载荷

试验速度/(m·s)$^{-1}$	平均拉伸破坏载荷/kN	平均剪切破坏载荷/kN
0.3	5.76	5.49
1	7.00	6.60
5	8.10	7.7
10	10.05	8.96

根据图5-20,E系列铆钉极限拉伸/剪切失效载荷和加载速度之间的关系可以用对数方程表示为

$$N(u) = 1.11\ln(v) + 6.97 \qquad (5-10)$$

$$T(u)=0.93\ln(v)+6.56 \qquad (5-11)$$

其中,$N(u)$ 为极限拉伸失效载荷,$T(u)$ 为极限剪切失效载荷,单位为 kN;v 为加载速度,单位为 m/s。

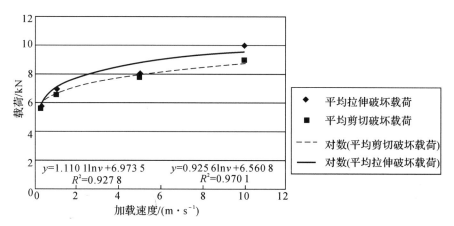

图 5-20　E 系列铆钉拉伸 / 剪切失效载荷与加载速度的关系

4. 铆钉的失效模型

铆钉的失效模型可取下式:

$$\left[\frac{N(\alpha)}{N_u}\right]^a+\left[\frac{T(\alpha)}{T_u}\right]^b\leqslant 1 \qquad (5-12)$$

$N(\alpha)$ 和 N_u 分别代表铆钉元素当前的拉伸载荷和极限拉伸载荷,$T(\alpha)$ 和 T_u 分别代表铆钉元素当前的剪切载荷和极限剪切载荷,铆钉元素上的实际载荷,可简化为拉伸载荷和剪切载荷的分量形式:$N(\alpha)=F\cos\alpha$ 和 $T(\alpha)=F\sin\alpha$。根据该式可表述铆钉元件在一般破坏情形下的失效载荷数据,如图 5-21 所示。

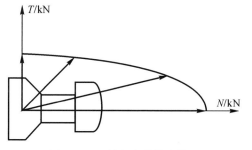

图 5-21　铆钉失效模式模型

本书开展了试验 $\alpha=0°$ 和 $\alpha=90°$ 纯拉伸和纯剪切两个状态的试验研究,失效模型中的系数 a 和 b 均取 2。铆钉的准静态失效模型见表 5-6。动态失效载荷可根据实际的加载速度通过表 5-4 和表 5-5 中的试验结果插值得到,将准静态失效载荷替换为动态失效载荷后即得到动态失效模型。

表 5-6　2 种铆钉的准静态失效模型

铆钉类型	N_u/kN	T_u/kN	准静态失效模型
D	5.22	4.83	$\left(\dfrac{N}{5.22}\right)^2+\left(\dfrac{N}{4.83}\right)^2\leqslant 1$
E	5.12	4.56	$\left(\dfrac{N}{5.12}\right)^2+\left(\dfrac{N}{4.56}\right)^2\leqslant 1$

5.2.2 单搭接金属连接结构动态失效模式研究

1.金属连接件准静态失效试验

单搭接金属连接件的试件形式如图5-22所示,试件几何尺寸见表5-7。准静态试验在万能材料试验机上进行,通过试验机自带的载荷传感器进行拉伸载荷的测试,通过接触式引伸计进行变形量的测试。如图5-23所示为试件安装图示,如图5-24所示为试验测量的典型载荷-位移曲线。

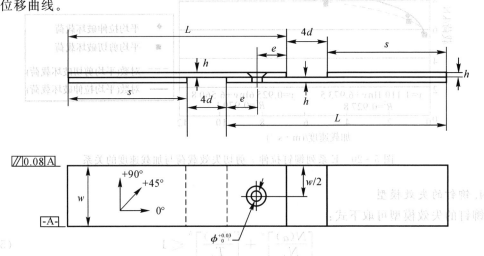

图5-22 典型连接件示意图

表5-7 典型连接件几何尺寸

参 数	$\phi 5$ 连接试件
紧固件直径,d	$5\ mm_{-0.03}^{0}$
孔直径,ϕ	$5\ mm_{0}^{+0.03}$
试件厚度,h	$3\sim 3.5\ mm$
长度,L	$150\pm 1\ mm$
宽度,w	$29\pm 1\ mm$
端距,e	$15\pm 1\ mm$
搭接长度,s	$100\ mm$
试件总长度	$270\ mm$

2.金属连接件动态失效试验

动态失效试验试件采用和准静态失效试验相同规格的试件,试验平台为高速液压伺服材料试验机,由于当动作缸加载速度超过一定量值后,试验机自带载荷传感器测试数据出现振荡,解决方法为在离铆钉约50 mm位置处的连接试件上贴应变片(见图5-25),进行载荷的间接测试,低速拉伸下进行应变片输出电压信号和载荷信号的标定(见图5-26),得到电压信号的载荷信号的转换系数。试件变形行程的测试方法为非接触测试方式,试验前,以铆钉为对称中心的金属板材上贴两个高速摄影拍摄跟踪点,两跟踪点原始的标距长度为 40 mm。

图 5-23　连接件准静态失效试验

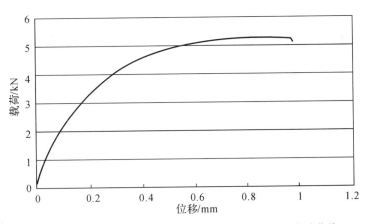

图 5-24　单搭接金属连接件准静态失效试验载荷-位移曲线

图 5-25　单搭接金属连接件动态试验

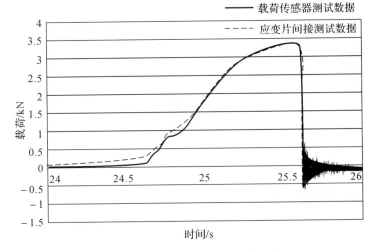

图 5-26　低速加载下载荷信号标定

　　图 5-27(a)所示为基于高速摄像机的非接触测试系统测试的标距段的变形信息,图 5-27(b)所示为不同加载速度下的载荷位移关系。从图中可发现,随着加载速度的提高,单搭

接金属连接结构的失效载荷表现为一定的加载速度相关性，即动态失效载荷随着加载速度的
增加而增加。

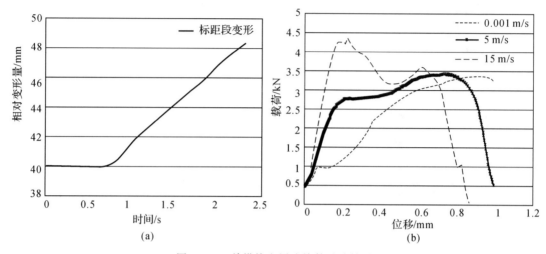

图 5-27　单搭接金属连接件试验结果
(a)变形量-时间关系曲线；　(b)不同加载速度下载荷-位移关系曲线

参 考 文 献

[1]　Tsai Jialin, Sun C T. Dynamic compressive strengths of polymeric composites[J].
International Journal of Solids and Structures, 2004, 41(11-12): 3211-3224.

[2]　Tsai Jialin, Sun C T. Strain rate effect on in-plane shear strength of unidirectional
polymeric composites[J]. Composites Science and Technology, 2005, 65(13): 1941-
1947.

[3]　Lal Ninan, Tsai J, Sun C T. Use of split Hopkinson pressure bar for testing off-axis
composites[J]. International Journal of Impact Engineering, 2001, 25(3): 291-313.

[4]　Hosur M V, Alexander J, Vaidya U K, et al. High strain rate compression response
of carbon/epoxy laminate composites[J]. Composite Structures, 2001, 52(3-4):
405-417.

[5]　Yuan Qinlu, Li Yulong, Li Hejun, Li Shuping, et al. Strain rate-dependent
compressive properties of C/C composites[J]. Materials Science and Engineering A,
2008, 485(1-2), 632-637.

[6]　白春玉，刘小川. 中应变率下材料动态拉伸关键参数测试方法研究[J]. 爆炸与冲击，
2015,35(4):507-512.

[7]　Xu Shuhua, Wang Xiaojun, Zhang Gangming, et al. Experimental Investigation on the
Dynamic Compression Properties of Kevlar Fiber-Reinforced Composite Laminates
[J]. Journal of Experimental Mechanics, 2001, 16(1):26-34.

[8]　Jiang Banghai, Zhang Ruoqi. Dynamic Compressive Mechanical Properties of a Carbon

Fiber Woven Reinforced Composite：Experimental Study［J］. Acta Materiae Compositae Sinica，2005，22(2):109 – 115.

［9］ 田宏伟,郭伟国.平纹机织玻璃纤维增强复合材料面内压缩力学行为及破坏机制.复合材料力学学报,2010.

［10］ Kellas S，Knight N F. Design，fabrication and testing of composite energy – absorbing keel beams for central aviation type aircraft［R］. AIAA Paper，AIAA – 2001 – 1529,2001.

［11］ Heimbs S，Schmeer S，Middendorf P，et al. Strain rate effects in phenolic composites and phenolic – impregnated honeycomb structures. Composites science and technology,2007,67:2827 – 2837.

［12］ Zhao H，Elnasri I. An experimental study on the behaviour under impact loading of metallic cellular materials. International Journal of Mechanical Sciences,2005,47(4 – 5):757 – 774.

［13］ Wu E B，Jiang W S. Axial crush of metallic honeycombs. International Journal of Impact Engineering,1997,19:439 – 456.

［14］ Ashby M F，Evans A G，Fleck N A，et al. Metal foams：a design guide. Boston：Butterworth – Heinemann,2000.

［15］ Deshpande V S，Fleck N A. High strain rate compressive behaviour of aluminium. International Journal of Impact Engineering，2000,24:277 – 298.

［16］ Mukai T，Kanahashi H，Miyoshi T,et al. Experimental study of energy absorption in a closed cell aluminium foam under dynamic loading. Scripta Materialia，1999，40:921 – 927.

［17］ Tan P J，Reid S R. Dynamic compressive strength properties of aluminium foams. Part I：experimental data and observations. Journal of the Mechanics and Physics of Solids,2005(53):2174 – 2205.

［18］ Gibson L J，Ashby M F. Cellular material，structure and properties，Cambridge University Press，Cambridge，UK,1997,2.

［19］ Doyoyo M，Mohr D. Microstructural response of aluminum honeycomb. Mechanics of materials,2003(35):865 – 876.

［20］ Mohr D，Doyoyo M. Large plastic deformation of metallic honeycomb：orthotropic rate – independent constitutive model. International Journal of solids and structures，2004(41):4435 – 4456.

第6章 民机机身段下部结构吸能设计与分析

机身结构在应急着陆过程中的变形与破坏对乘员的生存力有着重要影响,如何提高机身结构吸收撞击能量的能力应作为适坠性设计中必须考虑的关键因素。对运输类飞机,吸能结构的研究主要针对客舱地板下部结构,主要是通过控制结构在撞击过程中的变形与破坏模式,来尽可能提高结构对撞击能量的吸收与耗散能力。

本章详细讨论了民机机身段下部结构吸能设计的相关问题,包括机身下部结构吸能设计的一般性要求、典型结构元件的撞击失效模式与吸能特性、机身框结构吸能设计与分析、壁板结构的适坠性设计和机身典型吸能结构部件的分析与试验等内容。

6.1 机身段下部结构吸能设计的一般性要求

机身段下部结构通常指机身地板以下结构部分,主要包括下部框、货舱、壁板、地板支撑结构等,这部分结构的设计对适度坠撞中乘员的存活起到关键的作用。

在纵向撞击中,主要要求确保结构壳体基本完整,尽量减少机身下部的犁地效应(即结构在初次接地受撞击后沿斜向被压溃),在乘员区域前部需要提供高效吸能材料以降低由于与障碍物(如地面)撞击产生的力。

对于垂直撞击(或任何撞击的垂直分量),结构吸能要求不同于纵向撞击。撞击发生时垂直方向上的速率变化很大,通常表现为比较大的结构变形和较高的地板加速度。在发生垂直坠撞时,采用适坠性设计的机身地板下部结构,有助于吸收撞击能量,从而保护乘员免遭地板传来的过高冲击过载。

地板下部结构的适坠性设计应满足以下技术要求。

(1)结构应有足够的强度和刚度,能满足功能及承载要求。

(2)地板上部舱门必须能在轻度坠撞中不因机身变形而卡滞,满足乘员逃生需求。

(3)通过适当的结构加强或部件改进(如尾翼吊臂、外挂件的支撑系统和起落架),以防止这些部件贯入机身,确保这些部件即使破坏也不致于影响安全。

(4)结构应有合适的刚度及刚度分配,使飞机在坠撞中按预想的方式变形并吸能。

(5)应尽量防止机翼油箱在坠撞中因起火而对乘员造成伤害。

(6)所有备件及部分功能件应有应急断离措施,以减少飞机的质量,从而降低坠撞能量。

(7)机身下部框及其构件等结构处,可适当增加吸能材料。

(8)乘员舱、货舱内的所有物体均应有可靠的系留。

(9)带有易燃物体的下部结构在坠撞过程中,不应有损坏。

(10)地板支撑结构应有足够的强度和刚度,刚度太大则容易贯穿机舱,对乘员造成伤害;太小则不足以在坠撞过程中为地板提供支持。

6.2　典型结构元件的撞击失效模式与吸能

机身下部结构元件包括桁条、隔框、支柱、货舱地板梁、蒙皮以及各种连接件等。

为了确认撞击过程中主要吸能部件的吸能特性,需要通过对机身段进行坠撞分析,获得各部件吸收能量的情况分布。如图 6-1(a)所示的机身段,以 11.3 m/s 的速度垂直撞击地面,各部件的能量吸收情况如图 6-1(b)所示。机身隔框是主要的吸能部件;机身蒙皮中以机腹蒙皮对能量吸收的贡献最大,客舱顶层机身外蒙皮和客舱外侧机身蒙皮的贡献基本可以忽略,支柱(斜撑杆)、货舱地板的贡献较大。改变坠撞速度的大小进行分析,仅对客舱以下部分进行分析,框、机腹蒙皮、支柱的吸能特性是类似的,其他部件随着速度和构型的改变有所差异。据此,可以把相应部位的主要结构元件确定为吸能结构典型元件。

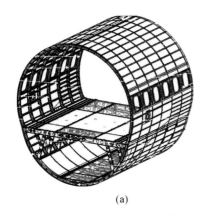
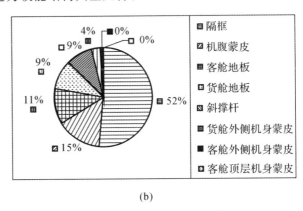

图 6-1　机身部件吸收能量典型分布情况
(a)机身结构；(b) 部件吸收能量分布

隔框和蒙皮壁板的撞击失效模式与能量吸收特性在 6.3 节和 6.4 节介绍。本节讨论立柱、货舱地板梁腹板等吸能构件,并对其触发机制、填充材料等进行讨论。

6.2.1　立柱的撞击失效模式与吸能

立柱一般用于大、中型民机机身下部结构,以传递客舱地板梁和机身下部框之间的载荷,如图 6-2 所示。

图 6-2　撞击后的立柱变形

立柱的截面形状可分为开剖面和闭剖面两种截面构型。开剖面立柱的重量特性和工艺性好,故得到大量采用。在撞击过程中,根据不同的初始条件和边界条件,立柱的失效模式不尽相同,撞击破坏的最有利的模式是渐进破坏,最不利的是欧拉屈曲失稳破坏。由于撞击过程中客舱地板横梁和框之间的相对位移,立柱在两端固支的条件下,可能的载荷包括轴向压缩载荷、弯矩、扭矩,受载情况复杂。

一、开剖面立柱

货舱内典型的开剖面立柱如图 6 - 3(a)所示。

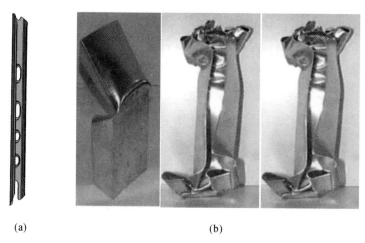

(a)   (b)

图 6 - 3　开剖面立柱及元件的冲击变形

(a)典型开剖面立柱;　(b)元件在准静态加载下的变形

对于闭剖面管件,其冲击破坏形式有其特定规律,比较容易区分出渐进破坏和总体失稳破坏模式。元件级的试验研究发现,开剖面元件由于型式不对称,很难发生渐进稳定的破坏,也很难利用最终的屈曲形态来刻画总体失稳与渐进破坏的转化,而且冲击载荷位移曲线随受载方式的不同而无规律可循,如图 6 - 3(b)所示。考虑到吸能效率高的破坏模式比吸能也必然较大,采用比吸能作为比较各种不同结构型式冲击特性的标准是适当的。

首先讨论开剖面立柱在轴向冲击载荷作用下,边界条件对比吸能和冲击变形模式的影响,以及元件的特征尺寸,包括长度、腹板宽度、缘条宽度、突缘宽度、厚度等的影响;然后讨论实际结构元件(有孔)对机身结构能量的吸收、破坏模式和加速度特性的影响规律。

本小节立柱模型的材料为铝合金 7075,属性见表 6 - 1。

表 6 - 1　铝合金 7075 的材料属性

类型	弹性模量/GPa	密度/(kg·mm⁻³)	泊松比	屈服强度/GPa	硬化模量/GPa
数值	71	2.796×10^{-6}	0.33	0.469	0.852

考虑材料的应变率强化效应,对于铝合金材料,采用 Cowper - Symonds 本构方程:

$$\frac{\sigma'_0}{\sigma_0} = 1 + \left(\frac{\dot{\varepsilon}}{C}\right)^{\frac{1}{q}} \tag{6-1}$$

其中,σ'_0 为当应变率为 $\dot{\varepsilon}$ 的动应力,σ_0 为对应的静应力,$\dot{\varepsilon}$ 为应变率,C 和 q 均为材料常数,铝合

金的材料常数分别为 $C=6\,500\ \mathrm{s}^{-1}$，$q=4$。

受轴向冲击载荷的开剖面立柱有限元模型，如图 6-4 所示，立柱一端是刚性质量块，另一端为刚性墙。初速度为 7m/s，刚性质量为 400kg，附加质量块和立柱以相同的初速度撞击刚性墙。立柱本身采用自接触，静动摩擦系数均取为 0.2。

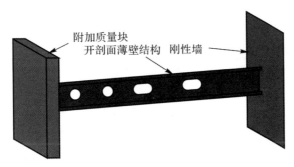

图 6-4　开剖面立柱的有限元模型

1.边界条件对冲击特性的影响

图 6-5 所示是尺寸为 500 mm×82 mm×82 mm×1.6 mm 的立柱在不同边界下的变形模式图。从左至右分别为立柱两端自由，一端面固定在刚性质量块上、另一端自由，以及两端面分别固定在刚性质量块和刚性面上三种情况。两端自由情况下立柱的稳定性最差，最容易发生整体失稳，两端均发生了倾斜；两端固定情况下立柱的稳定性最好，最不容易产生整体失稳，两端均未发生倾斜；一端自由一端固定的情况居中。

图 6-5　边界条件对变形模式的影响

在实际机身结构中，立柱两端的连接关系与上述元件冲击特性研究所采用的方式是有差异的。实际结构中，立柱上端的腹板固定在客舱地板横梁上，下端的腹板固定在机身框上，缘条与机身结构没有连接关系。由于元件研究的重点在于关注其本身的性能，因此以下在开剖面立柱特征尺寸对冲击特性影响的讨论中，边界条件均取为两端面完全固定的情况。

2.特征尺寸对冲击特性的影响

(1)长度的影响。

截面尺寸：腹板宽度为 81 mm，厚度为 1.6 mm，缘条宽度分别为 82 mm 和 41 mm，没有突缘；长度分别为 250 mm，500 mm 和 750 mm。

　　如图 6-6(a)和图 6-6(b)所示的立柱变形图中,从左至右长度依次增加,长度越长立柱越容易发生整体失稳的破坏。图 6-7 所示为两种截面尺寸情况下,不同长度立柱的比吸能随位移变化曲线。由图可知,比吸能随着长度的增加而减小。可见,长度大的立柱容易产生整体失稳,比吸能随着长度的增加而减少。

(a)

(b)

图 6-6　长度对变形模式的影响

(a)缘条宽度 82 mm;　(b)缘条宽度 41 mm

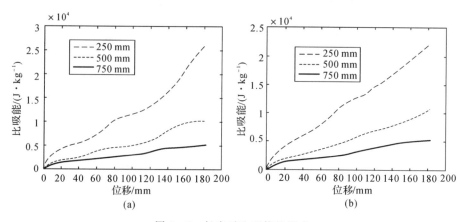

图 6-7　长度对比吸能的影响

(a)缘条宽度 82 mm;　(b)缘条宽度 41 mm

（2）腹板宽度的影响。

开剖面立柱的截面尺寸：缘条宽度 50 mm，厚度 1.6 mm，腹板宽度分别为 50 mm、110 mm 和 150 mm；长度 500 mm。

图 6-8 所示为不同腹板宽度的冲击破坏模式。开剖面的稳定性随着腹板宽度的增加而增强。腹板宽度为 150 mm 时的破坏模式最稳定；腹板宽度越小，越容易产生整体失稳破坏。图 6-9 所示为比吸能-位移曲线。在位移小于 220 mm 情况下，比吸能随着腹板宽度的增加而减少；随着位移的增加，腹板为 150 mm 的比吸能超过了腹板分别为 110 mm 和 50 mm 的比吸能，这是由于后两者发生了整体失稳。因此，在相当大的压缩行程内，比吸能随着腹板宽度的增加而减少，腹板宽度较大的立柱能量吸收效率较低，但是腹板宽度较小的立柱容易产生整体失稳。

图 6-8 不同腹板宽度的开剖面立柱冲击变形图

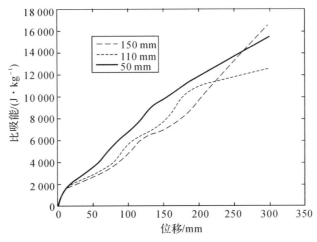

图 6-9 腹板宽度对比吸能的影响

（3）缘条宽度的影响。

开剖面立柱的截面尺寸：腹板宽度为 82 mm，厚度为 1.6 mm，缘条宽度分别为 10 mm，22 mm，41 mm 和 82 mm；立柱长度 500 mm。

4 种情况的破坏模式如图 6-10 所示，缘条宽度从左至右依次增加。由图可见，缘条宽度的增加会提高开剖面立柱的稳定性;随着宽度的增加,在两端将产生局部渐进屈曲。

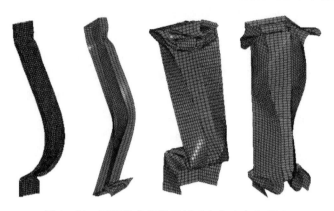

图6-10 不同缘条宽度开剖面立柱冲击变形图

图6-11所示为4种不同缘条宽度立柱的比吸能随着位移变化的曲线。总体上,比吸能随着缘条宽度的增加而增加。

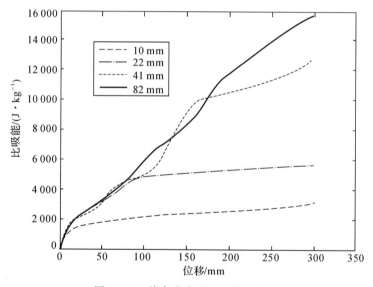

图6-11 缘条宽度对比吸能的影响

(4)突缘的影响。

选择两组不同的开剖面立柱,情况一:长度为 500 mm,腹板宽度为 82 mm,厚度为 1.6 mm,缘条宽度为 41 mm;情况二:长度为 500 mm,腹板宽度为 82 mm,厚度为 1.6 mm,缘条宽度为 82 mm。突缘宽度分别为 3 mm,7 mm,11 mm,15 mm 和 19 mm。

图6-12所示为两种情况下,不同突缘宽度的开剖面立柱的破坏模式图。如图6-13所示是两种情况下,不同突缘宽度的开剖面立柱的比吸能随位移变化曲线。从两图可以看出,突缘的影响呈现出非常复杂的非线性特性。在较小的压缩行程范围内,比吸能随突缘宽度增加而增加。当压缩行程超过某一数值,比吸能的变化受缘条宽度影响很大。在缘条宽度较小的情况下,对于小突缘尺寸立柱,当突缘宽度增加到某一特定值时,其比吸能迅速上升,以至在压

缩的后期阶段其数值比大突缘尺寸立柱的比吸能高,随着突缘宽度进一步增加,到某一特定值,达到大突缘尺寸,其比吸能迅速下降,甚至在很大行程范围内比最小突缘尺寸立柱的比吸能低;在缘条宽度较大的情况下,对于大突缘立柱,在很大的压缩行程范围它们的比吸能曲线非常接近,对于小突缘立柱,当压缩行程超过某一数值,突缘尺寸小的立柱,其比吸能可能会高于突缘尺寸大的立柱的比吸能。对于一定长度和截面尺寸的立柱,应当存在一个在一定的行程范围内均使比吸能达到最大的突缘尺寸。

图 6-12　突缘对破坏模式的影响
(a)情况一;　(b)情况二

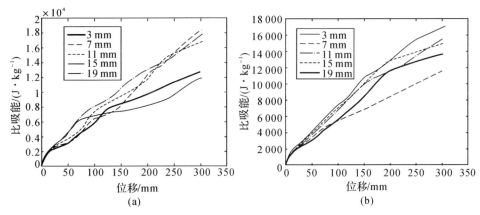

图 6-13　突缘对比吸能的影响
(a)情况一;　(b)情况二

(5)厚度的影响。

选择两组不同的开剖面立柱,情况一:长度为 500 mm,腹板宽度为 82 mm,缘条宽度为 41 mm;情况二:长度为 500 mm,腹板宽度为 82 mm,缘条宽度为 82 mm。厚度依次为 0.8 mm,1.2 mm,1.6 mm,2.0 mm 和 2.4 mm。

图 6-14 所示为两种情况下比吸能随位移变化曲线。由图可知,开剖面立柱的比吸能随着厚度的增加而增加,厚度对开剖面立柱的能量吸收具有重要影响。

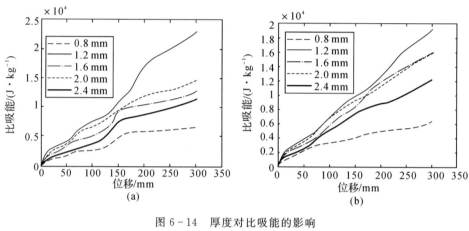

图 6-14 厚度对比吸能的影响

(a)情况一; (b)情况二

总体上,开剖面立柱的特征尺寸对其轴向冲击特性有很大影响,其失效模式随这些尺寸组合的改变而呈现出复杂的变化形式,能量吸收能力也随之受到很大影响。局部的渐进屈曲失效模式能提高吸能效率,当整体失稳发生时,吸能效率很快下降。

二、闭剖面立柱

闭剖面杆件作为吸能元件,包括各种泡沫填充管和非填充管。尽管在飞机抗坠撞设计研究中,一些新型吸能结构概念也采用了闭剖面元件的方案,但是在实际型号中,管件作为吸能元件的实际应用很少见,这主要是考虑结构质量、工艺性和使用维护等方面的因素。

对于金属薄壁管,外部的冲击能量可以以几种变形模式耗散掉,见表 6-2。

在准静态载荷和动态轴向冲击下,金属圆管用作吸能元件时常见的 4 种失效模式:轴对称模式、非轴对称模式、过渡模式和欧拉模式。

1. 轴对称模式

轴对称模式也称为"六角风琴(Concertina)"模式。在轴向压缩过程中,载荷和破坏模式呈周期性变化。管壁以塑性铰折叠的形式沿轴向渐进移动。在形成一个折叠的过程中,管壁绕着最终形成折叠的内点(或外点)为铰链点进行转动,进而沿轴向移动。管壁未发生屈曲的部分强度基本不变。由于每一个折叠过程中相邻两段管壁各发生了一次屈曲,因此产生了两个载荷峰值。初始冲击载荷峰值最大,每一个已经形成的折叠都会对后继形成的折叠产生影响,且后续载荷波峰和波谷变化很小。六角风琴破坏模式是最理想的破坏模式,设计中应尽量使结构产生这种失效模式(见图 6-15)。

表 6-2　金属薄壁管的几种变形模式

变形模式	特　点	原　理
翻转	(1)内外侧翻转； (2)翻转载荷为常值； (3)压模半径过大或过小会导致劈裂模式； (4)由延展性好的金属制造	
劈裂	(1)翻转模式的特殊情形； (2)通过撕裂管壁为瓣状或条状而耗散能量	
横向压凹	(1)局部受载(集中载荷)； (2)失效模式为局部凹陷演化为整体弯曲失稳； (3)参与塑性变形的材料少	
横向压平	(1)优于横向压凹模式； (2)对于带拉撑的椭圆截面构型,耗散的能量更多	
轴向压溃	(1)研究的最广泛,能量吸收能力,最常用的吸能元件； (2)提供合理的常值使用载荷,相当高的比吸能和单位质量的压缩行程； (3)通过塑性功具备所有材料参与能量吸收的能力； (4)通过渐进塑性屈曲避免整体弹性失稳,可以获得最优的能量吸收能力	

(a) (b)

图 6-15 轴对称破坏模式

(a)准静态加载下形成的环状折叠；(b)动态加载下的渐进屈曲模式

当产生轴对称失效时,压溃的平均载荷可按下式计算:

$$P_{av} = 6\sigma_y t \sqrt{Dt} \tag{6-2}$$

或

$$P_{av} = \sigma_y t \frac{6\sqrt{Dt} + 3.44t}{0.86 - 0.57\sqrt{t/D}} \tag{6-3}$$

其中,D 为直径,t 为壁厚,σ_y 为屈服应力。

2. 非轴对称模式

非轴对称模式又称为"钻石(Diamond)"模式。这种破坏模式呈现出各种形状并且棱角形成交错排列的形式。钻石模式可以是三角形模式、四边形模式、五边形模式以及多边形模式等,边数较少的破坏模式对应较低的吸能模式,边数较多的破坏模式对应较高的吸能模式。破坏模式随着圆管径厚比 D/t 的增加而由较低的吸能模式向较高的吸能模式转化。

准静态情况下发生轴对称折叠破坏的金属管,在动态情况下大多会变为非轴对称折叠破坏。其原因主要是在冲击载荷作用下,动态塑性屈曲的扰动对结构的动态渐进屈曲模式产生影响。一般地,参数 D/t 对发生轴对称折叠破坏还是非轴对称破坏,以及非轴对称破坏的类型,有重要影响。此外,冲击速度、管长等对破坏模式也有影响(见图 6-16)。

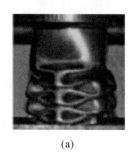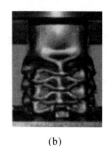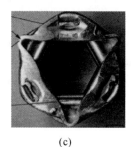

(a) (b) (c)

图 6-16 准静态加载下的非轴对称破坏模式

(a)三角形轴向视图；(b)三角形侧视图；(c)四边形侧视图

当产生非对称失效模式时,压溃的平均载荷可按下式计算:

基于塑性弯曲和钻石模式剪切,估算公式为

$$P_{av} = \sigma_y t (10.05t + 0.38D) \tag{6-4}$$

或基于塑性铰分析

$$P_{av} = 2.286 n^2 \sigma_y t^2 \tag{6-5}$$

其中,n 为圆周上的波数,即"钻石"数,其取值与 D/t 有关。

3. 过渡破坏模式

金属管的压缩经历 3 个阶段:弹性压缩阶段、轴对称压缩阶段和非轴对称压缩阶段。破坏模式的转化均是由轴对称折叠模式向非轴对称折叠模式转变。这主要是因为在屈曲压缩中,尽管金属管壁是以移行铰的形式运动的,但是还会对未屈曲部分的强度和几何构型产生影响,当这种影响使移行铰运动的偏移超过一定的值后,管壁就会产生局部失稳,并造成破坏模式的转变。过渡破坏模式是一种最广泛的破坏模式,大部分情况都属于这种破坏模式。

4. 欧拉破坏模式

欧拉破坏模式是当薄壁管件的长径比 L/R 或径厚比 R/t 达到某一数值,管件发生整体屈曲。这是一种吸能最小的破坏模式。欧拉模式向非对称模式的转化是一个比较复杂的问题。几何结构方面,长径比 L/R 大、径厚比 R/t 小的结构容易发生欧拉破坏。对于可能发生欧拉破坏的管件,存在一个速度值,冲击速度小于该值会产生欧拉破坏,

图 6-17　动态加载的欧拉破坏模式

而大于该速度值则产生其他的破坏。在设计管件的时候,欧拉破坏应该尽量避免(见图 6-17)。

轴对称破坏模式与非轴对称破坏模式相比,发生轴对称破坏模式的金属管吸收能量相对较大,破坏模式也相对稳定,便于控制,载荷-位移曲线也较平稳,是比较理想的吸能破坏模式。

三、立柱对机身适坠性的影响

采用如图 6-18 所示的模型进行分析。将相应的客舱质量特性等效到客舱地板与机身连接区域的结构上,乘员质量、座椅质量等效到两个刚性质量块上。与完整的机身段模型相比,这种模型具有规模小,计算耗时少的优点,对于货舱结构的耐坠撞性能分析具有一定的近似性。在以下的分析中初速度为 7m/s。

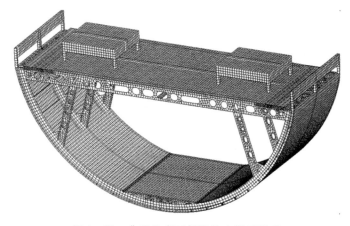

图 6-18　典型机身下部结构有限元模型

1. 开剖面立柱

典型的开剖面立柱在机身结构中的位置与连接形式如图 6-19 所示,立柱的腹板上部与客舱地板横梁连接,腹板下部与机身隔框连接。

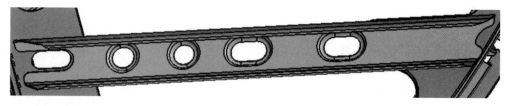

图 6-19 开剖面立柱在机身框架中的位置与连接形式

变形情况如图 6-20 所示。在撞击过程中,在机身框上产生了 3 个塑性铰,一个位于货舱地板下框的中部位置,两个对称分布在框、立柱和客舱地板梁围成的三角区内。立柱在撞击过程中的变形情况如图 6-21 所示。立柱不仅发生弯曲变形,而且在开孔处出现明显的扭转变形,渐进屈曲破坏没有出现,立柱吸收的能量占机身吸收总能量的 9.24%。

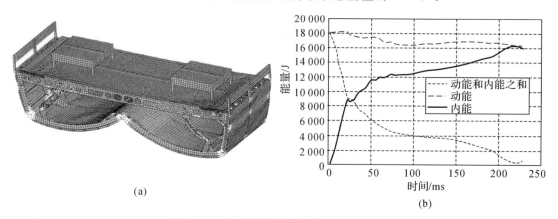

(a)

(b)

图 6-20 机身结构变形及能量变化曲线

(a)变形及等效塑性应变分布; (b)能量-时间曲线

图 6-21 开剖面立柱在冲击过程中的变形

为考察立柱对机身适坠性的影响,改变立柱的刚度。机身构型依次为①取消立柱;②缘条宽度 23 mm,无孔开剖面;③缘条宽度 44 mm,无孔开剖面;④刚性立柱。结构变形情况如图 6 - 22 所示。

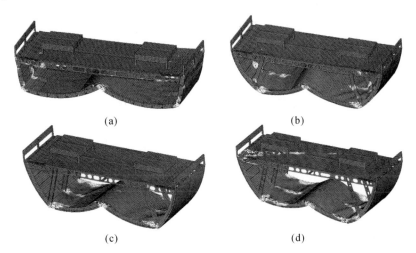

图 6 - 22　变形情况

(a)无立柱;　(b)缘条宽度 23 mm;　(c)缘条宽度 42 mm;　(d)刚性立柱

无立柱构型与原机身结构的变形情况和塑性铰位置基本一致。对于缘条宽度为 23 mm 的情况,机身结构发生倾向倾斜,塑性铰在各个隔框上的位置分布不相同;与原结构(见图 6 - 20)相比,机身结构吸收的总能量增加了 2.8%,立柱吸收的能量占机身吸收总能量的 12.2%。对于缘条宽度为 44 mm 的情况,塑性铰位置分布在三角区外,立柱的塑性变形较小,与原结构相比,机身结构吸收的总能量降低了 15.7%,立柱吸收的能量只占机身吸收总能量的 0.38%。对于刚性立柱情况,塑性铰位置分布在三角区外,三角区内隔框没有发生塑性变形,此时客舱地板产生严重破坏。

因此,在机身结构的撞击过程中,立柱对机身结构的破坏模式,进而对其能量吸收性能有重要影响。

图 6 - 23 所示是各种情况下的加速度响应曲线。图中加速度输出点的位置在顺航向右侧座椅中部,对撞击响应曲线进行了 150 Hz 低通滤波。

对于原结构和取消立柱的情况,由于货舱地板与客舱地板发生碰撞,再次出现一个加速度峰值;缘条宽度为 44 mm 时也出现了二次加速度峰值,是由机体与地面之间的二次冲击引起;刚性立柱情况也存在类似的二次冲击,引起加速度的大幅度高频振荡(图 6 - 23(d)中被滤掉)。

2.闭剖面立柱

目前民机机身下部结构设计中立柱主要采用开剖面形式,闭剖面形式的立柱,尤其是圆管,由于质量和工艺性方面的限制而较少采用。

这里采用方截面管作为闭剖面立柱,结构型式如图 6 - 24(a)所示,截面尺寸为 82 mm× 43 mm,壁厚依次取 0.6 mm,0.8 mm,1.0 mm,1.2 mm 和 1.8 mm,有限元模型如图 6 - 24(b) 所示。

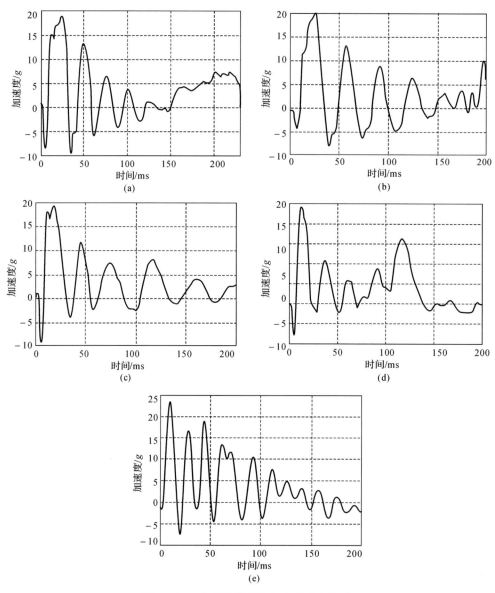

图 6-23　座椅位置处的加速度响应曲线

(a)原结构；　(b)无立柱；　(c)缘条宽度 23 mm；　(d)缘条宽度 44 mm；　(d)刚性立柱

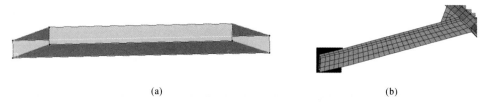

图 6-24　方形截面立柱及其有限元模型

(a)结构示意图；　(b)有限元模型装配

加速度输出位置如图 6 - 25 所示。6 个点对称分布在机身两侧,6 个点的位置编号分别是:顺航向右侧座椅前端对应 121563,右侧座椅中部对应编号 121356,右侧座椅后端对应 121137,左侧座椅前端对应 119642,左侧座椅中部对应 119412,左侧座椅后端对应 119193。撞击响应曲线进行了 150Hz 低通滤波。

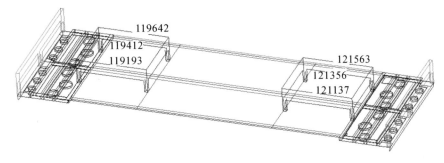

图 6 - 25　座椅上加速度测量点位置

输出原结构(见图 6 - 20)所有 6 个位置的加速度响应曲线如图 6 - 26 所示。

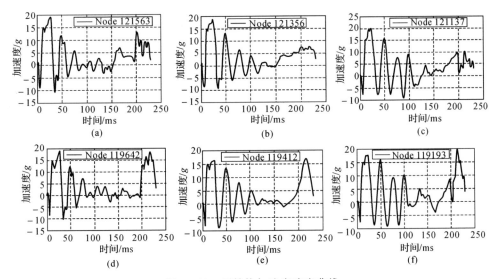

图 6 - 26　原结构加速度响应曲线

(a)右侧前端;　(b)右侧中部;　(c)右侧后端;　(d)左侧前端;　(e)左侧中部;　(f)左侧后端

(1)情况 1:立柱壁厚 0.6 mm。结构变形情况以及塑性铰位置如图 6 - 27(a)所示。框上塑性铰有 3 个,对称分布在三角区内以及货舱地板中部。立柱发生明显的塑性变形。客舱地板横梁与货舱地板碰撞,中部发生破坏。能量-时间曲线如图 6 - 27(b)所示。机身结构吸收的总能量比原结构增加了 3.3%,立柱吸收的能量占机身吸收总能量的 16.6%。座椅上对应 6 个位置的加速度时间历程如图 6 - 28 所示。

(2)情况 2:立柱壁厚 0.8 mm。结构变形情况、塑性铰位置以及能量-时间变化曲线如图 6 - 29 所示。立柱发生明显的塑性变形。框上出现 5 个塑性铰,货舱地板中部位置 1 个,两侧三角区各分布 1 个,该 3 个铰之间又各分布 1 个。

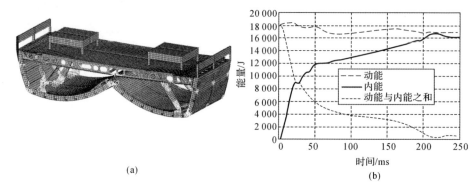

(a)　　　　　(b)

图 6-27　壁厚 0.6 mm 时的结构变形和能量变化曲线

(a)变形及等效塑性应变分布；　(b)能量-时间曲线

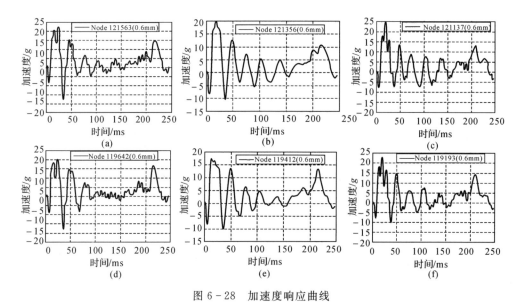

图 6-28　加速度响应曲线

(a)右侧前端；　(b)右侧中部；　(c)右侧后端；　(d)左侧前端；　(e)左侧中部；　(f)左侧后端

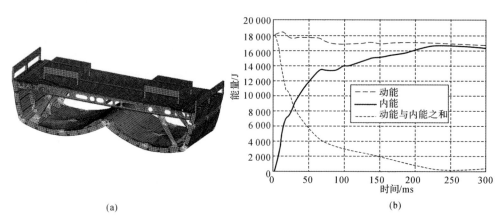

(a)　　　　　(b)

图 6-29　壁厚 0.8 mm 时的结构变形和能量变化曲线

(a)变形及等效塑性应变分布；　(b)能量-时间曲线

与原结构相比,机身吸收的总能量增加了 3.3%,与情况 1 相同;但立柱吸收的能量占机身吸收总能量的 20%。座椅上对应 6 个位置的加速度时间历程如图 6-30 所示。

(3)情况 3:立柱壁厚 1.0 mm。结构变形情况、塑性铰位置以及能量-时间变化曲线如图 6-31 所示。变形过程中机身有纵向倾斜。框上塑性铰为 5 个,分布与情况 2 类似,但三角区内的塑性铰移动到立柱与框交界处,中间的两个塑性铰分别向支柱一侧移动。立柱底部有明显的塑性变形。

与原结构相比,机身吸收的总能量减小了 10.3%;立柱吸收的能量占机身吸收总能量的 5.9%。座椅上对应 6 个位置的加速度时间历程如图 6-32 所示。

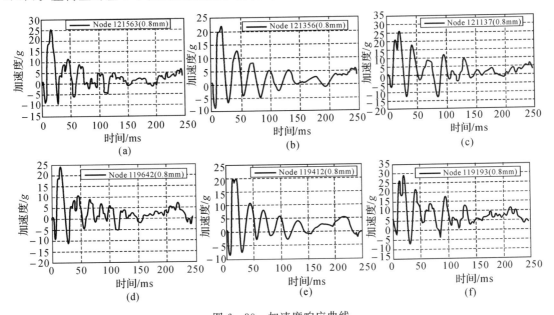

图 6-30　加速度响应曲线

(a)右侧前端;　(b)右侧中部;　(c)右侧后端;　(d)左侧前端;　(e)左侧中部;　(f)左侧后端

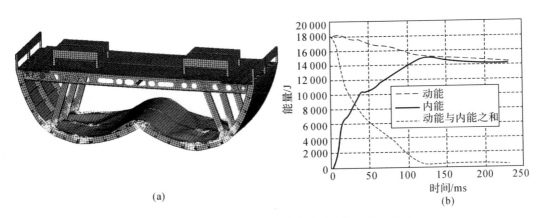

(a)

(b)

图 6-31　壁厚 1.0 mm 时的结构变形和能量变化曲线

(a)变形及等效塑性应变分布;　(b)能量-时间曲线

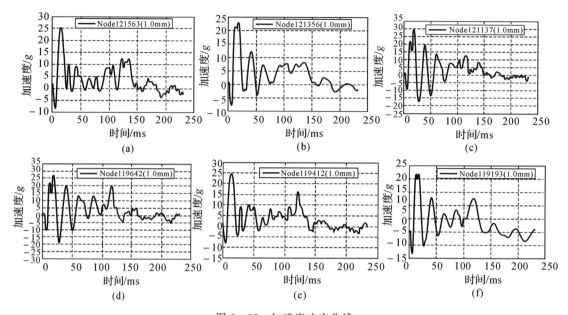

图 6-32　加速度响应曲线
(a)右侧前端；　(b)右侧中部；　(c)右侧后端；　(d)左侧前端；　(e)左侧中部；　(f)左侧后端

　　(4)情况 4：立柱壁厚 1.2 mm。结构变形情况、塑性铰位置以及能量-时间变化曲线如图 6-33 所示。立柱的塑性变形不明显。框上塑性铰为 5 个，其分布与情况 3 类似，但立柱与框交界处的塑性铰明显往三角区外移动，中间的两个塑性铰更接近于支柱一侧。

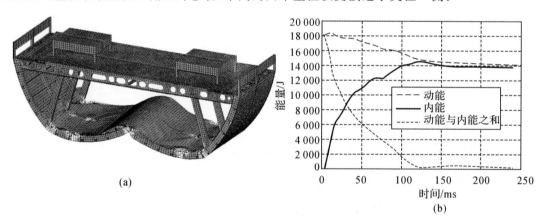

图 6-33　壁厚 1.2 mm 时的结构变形和能量变化曲线
(a)变形及等效塑性应变分布；　(b)能量-时间曲线

　　与原结构相比，机身吸收的总能量减小了 11.5%；立柱吸收的能量占机身吸收总能量的 3.1%。座椅上对应 6 个位置的加速度时间历程如图 6-34 所示。

　　(5)情况 5：立柱壁厚 1.8 mm。结构变形情况、塑性铰位置以及能量-时间变化曲线如图 6-35 所示。立柱塑性变形很小。框上塑性铰为 3 个，三角区内的塑性铰已完全移动到三角区外。

　　与原结构相比，机身吸收的总能量减小了 17.8%；立柱吸收的能量占机身吸收总能量的

0.81%。座椅上对应 6 个位置的加速度时间历程如图 6-36 所示。

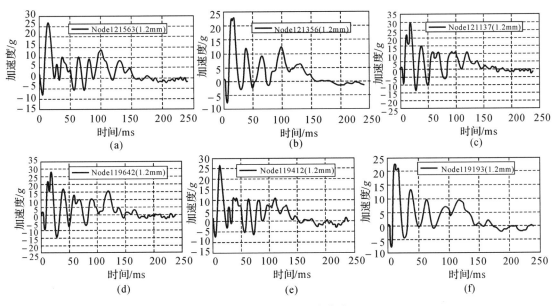

图 6-34　加速度响应曲线

(a)右侧前端；(b)右侧中部；(c)右侧后端；(d)左侧前端；(e)左侧中部；(f)左侧后端

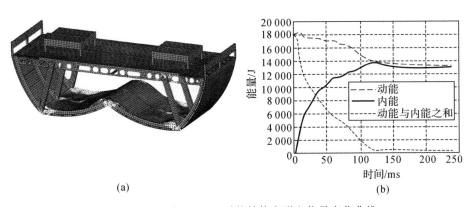

图 6-35　壁厚 1.8 mm 时的结构变形和能量变化曲线

(a)变形及等效塑性应变分布；(b)能量-时间曲线

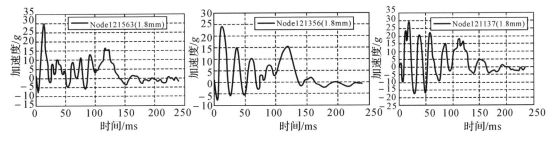

图 6-36　加速度响应曲线

(a)右侧前端；(b)右侧中部；(c)右侧后端

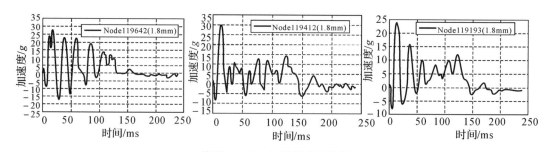

续图 6 - 36　加速度响应曲线

(d)左侧前端；　(e)左侧中部；　(f)左侧后端

6.2.2　腹板的撞击失效模式与吸能

腹板是一类梁结构和框结构的组成元件。将机身下部结构中的货舱地板梁、龙骨梁设计成吸能结构,有利于机身适坠性设计。对于常规的金属结构构型,腹板主要是平直腹板;作为吸能结构,波纹腹板效率更高。在当前的研究中,复合材料和夹芯结构值得关注。图 6 - 37 (a)是 NLR(荷兰宇航院)开发的一种复合材料波纹板;图 6 - 37(b)是一种夹芯结构龙骨梁,泡沫夹芯支持面板,提高抗整体失稳能力,面板为玻璃纤维/环氧增强材料,利用面板的渐进屈曲失效模式耗散冲击能量。

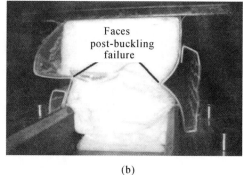

(a)　　　　　　　　　　　　　　(b)

图 6 - 37　复合材料性能构型概念

(a)复合材料波纹板；　(b)夹芯结构龙骨梁

这里对几种不同构型的腹板的冲击特性进行分析,外形和尺寸如图 6 - 38 所示。材料属性见表 6 - 3。

图 6 - 38　腹板尺寸

表 6-3　材料属性

弹性模量	72 GPa
泊松比	0.33
密度	2850 kg/m³
屈服应力	526 MPa
硬化模量	3.6 GPa
失效应变	12%
强化模式	组合强化

加载方式如图 6-39 所示,在腹板顶部施加一附加质量 M,附加质量与腹板以速度 11 m/s 撞击刚性墙。其中 M=200 kg,梁质量为 1.093 kg。腹板构型如图 6-40 所示。

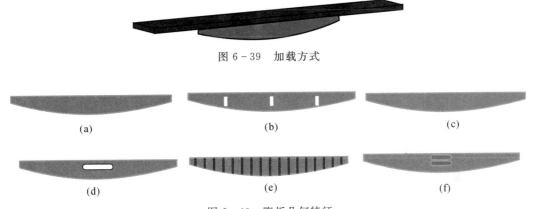

图 6-39　加载方式

图 6-40　腹板几何特征
(a)平直腹板(槽口截面);　(b)竖直开孔腹板(工字截面);　(c)平直腹板(工字截面)
(d)水平开孔腹板(工字截面);　(e)波纹板;　(f)压凹坑腹板(工字截面)

除了波纹板构型,其他情况的变形模式均表现为整体弯曲失稳,这种吸能模式的效率较低。槽口截面的平直腹板,最易发生弯曲失稳。波纹板构型产生稳定变形,与刚性面的接触部位出现褶皱变形,这种吸能模式的效率较高。工字截面的压凹坑腹板载荷变化比较平缓,波纹板的初始载荷峰值较高,如图 6-41 所示。

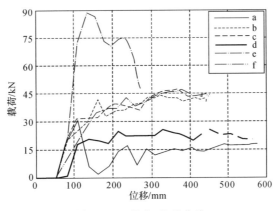

图 6-41　载荷-位移曲线

对于波纹板,板厚、波高、波宽是其主要特征尺寸,对其失效模式和吸能效率有显著影响。结构设计中首先要考虑质量和空间的限制,选择适合的波纹板质数就很关键。对于给定的重量,这里采用优化的办法,考察失效模式和吸能特性。

这里以三波波纹板的波宽 L_w 和板厚 T 这两个特征尺寸为设计变量,以比吸能为目标函数,波纹板的质量为约束。初值:波宽 $L_w =$ 120 mm,$T =$ 1.6 mm;其他参数:板高 $H =$ 280 mm,波高 = 20 mm。初速度 = 11 m/s,采用最大塑性应变失效准则(MPS = 0.12)。有限元模型如图 6 - 42 所示,其中波纹板质量为 0.5 kg,附加质量为 50 kg。

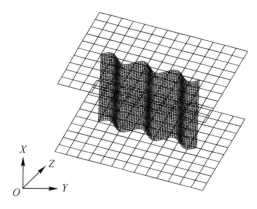

图 6 - 42　波纹板有限元模型

计算得到的典型结构的尺寸见表 6 - 4。其中结果 2,5 为优化结果,其他结果为优化过程中的可行解。

表 6 - 4　优化结果

结果	T/mm	$3 \times L_w$/mm	目标函数 /(kJ · kg^{-1})
1	1.6	342.33	7.93
2	1.6	341.76	12.24
3	1.144 7	350.58	8.22
4	1.500 0	345.00	10.31
5	1.322 2	346.94	11.52

载荷变化情况和变形模式如图 6 - 43 所示。

结合表 6 - 4 中的比吸能结果可以看出,结果 1,3 对应吸能效率较低的模式,结果 2.5 对应吸能效率较高的模式。从各情况的变形模式可以发现,对于高效吸能模式,尤其是模式 2,波纹板中部贯穿有集中的褶皱带,且波峰显示出明显的支持效应;而效率相对较低的 1,3 模式结构中的褶皱带较为分散,波峰坍塌;结果 4 属于临界点,吸能效率介于两者之间,褶皱带的集中程度也介于两者之间,大量波峰开始坍塌,支持效应开始不明显。

以下设计示例显示了将波纹板作为吸能元件的效果。在机身隔框下部加波纹板,结构形式和变形情况如图 6 - 44 所示(有限元模型)。波纹板厚度统为 1.2 mm,模型总质量为 727.42 kg。

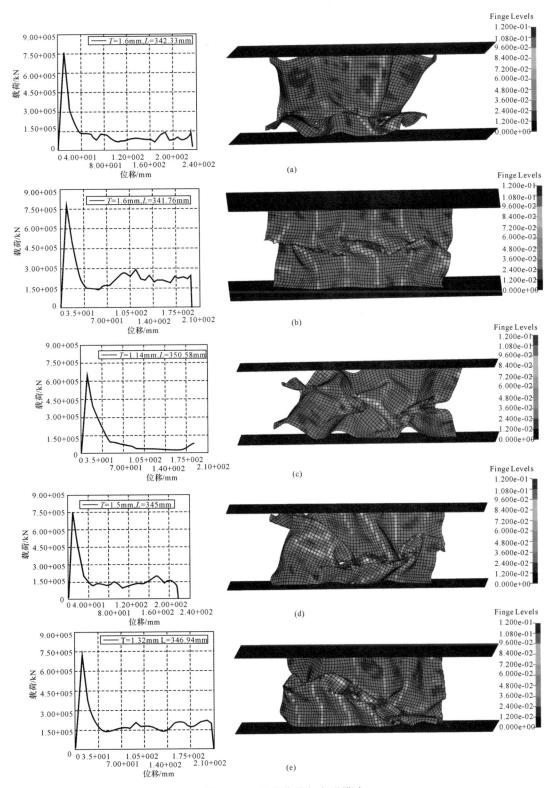

图 6 - 43　载荷曲线与变形模式

(a)结果 1；　(b)结果 2；　(c)结果 3；　(d)结果 4；　(e)结果 5

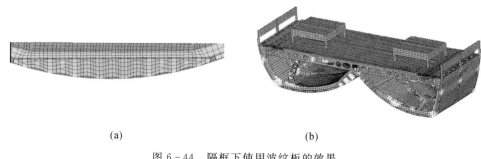

(a)   (b)

图 6-44　隔框下使用波纹板的效果
(a)构型；　(b)变形情况

波纹板吸收的能量占机身吸收总能量的 8.5%，斜撑吸收能量占机身吸收总能量的 10.0%。座椅中部的加速度历程如图 6-45 所示。

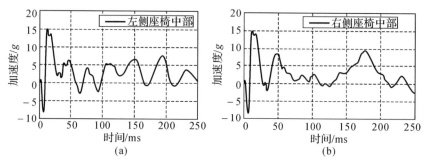

(a)   (b)

图 6-45　座椅位置的加速度响应(150 Hz 滤波)
(a)左侧；　(b)右侧

6.2.3　吸能触发机制设计的应用

吸能触发机制设计的目的有两个：使变形按预设模式进行，降低初始冲击载荷。常用的基本手段包括在元件局部区域人为制造缺陷(如凹坑、沟槽、开孔等)，改变几何形状，采用特殊装置等。

对于立柱这类薄壁构件，轴向渐进屈曲方式具有很大的比吸能和相对较长的行程。这一点对于减轻结构质量很有利。尽管轴向受压立柱可以提供出色的能量吸收效率，但其产生渐进屈曲的条件比较苛刻。为使渐进屈曲变形模式更容易发生，通常的做法是引入触发机制，比较简单的如皱褶、沟槽这类缺陷。在实际应用中，立柱不仅是能量吸收元件，同时也是承载结构，其刚度特性、振动特性相当重要。初始缺陷的引入使得结构能按照预期的模式发生变形，但会引起结构强度和刚度的降低，同时对于疲劳性能也不利，这在飞机结构设计中是很严重的问题。因此在触发机制的设计和使用方面，还需要慎重考虑、仔细设计。

对于框结构，其能量吸收主要是依靠塑性铰，研究表明可以在框局部区域减小厚度以降低初始冲击载荷，然而对于实际应用仍要受到结构完整性限制。

此外，触发机制的使用是有条件的，当边界条件改变时，预设的触发机制可能不能达到目的，或引起其他方面的问题，触发的设计还需要综合考虑各种设计情况。对于高速冲击，惯性效应、波的传播、材料特性在动力响应的初始阶段起到重要作用，触发机制的设计应该考虑这些因素的影响。更为重要的是,为了获得预期的机身结构冲击响应特性,需要综合考虑机身结构各构件的吸能特性,合理安排各元件的功用。仅凭借单一元件很难获得良好的结构响应特性。

1.几种封闭剖面管的常见触发机制

(1)边缘切口。这种触发机制的设计是在管端头的边上制缺口,其构造和冲击特性如图 6-46 所示。

(2)凹坑。凹坑采用压头制成,形状比较多。如图 6-47 所示是几种不同的形式。其基本原理是通过凹坑引发第一个折叠,并诱发后续的折叠变形。

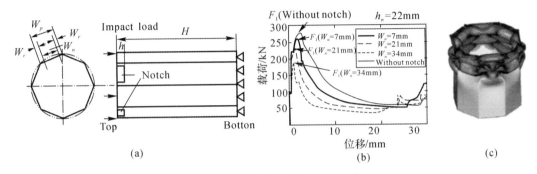

图 6-46　采用切口的触发设计

(a)构型;　(b)第一个载荷峰值的比较;　(c)变形模式

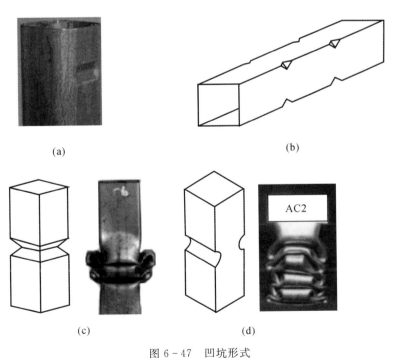

图 6-47　凹坑形式

(a)凹坑位于两个侧面;　(b)凹坑位于棱边;　(c)V 型凹坑及变形模式;　(d)半圆凹坑及变形模式

(3)沟槽。这种触发是通过在管外表面,或者内、外表面均开槽,使渐进屈曲容易发生。

图 6-48 是一种用于圆管的环形沟槽。当受轴向冲击时,内槽的塑性铰向外侧移动,外槽

的塑性铰向内侧移动,从而容易形成六角手风琴模式。

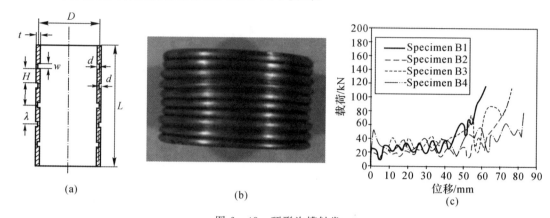

图6-48　环形沟槽触发

(a)构造；　(b)变形模式；　(c)载荷曲线

方管的沟槽可以是贯通侧面,或在侧面内部,如图6-49所示。选择适当的参数容易获得叶状折叠模式。

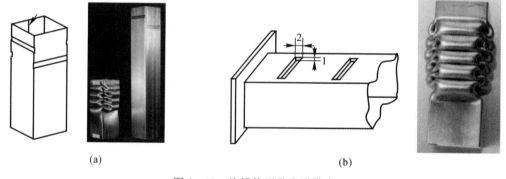

图6-49　沟槽构型及变形模式

(a)贯通方形槽的试验件及变形模式；　(b)侧面内的方形槽及变形模式

(4)开孔。开孔的方管和圆管的冲击特性类似。管件在开孔处开始压溃。当孔径小于一定数值时,平均载荷与后续各载荷峰值同无孔管相比差别不大；当孔径大于该数值时,管件发生撕裂破坏而不是渐进屈曲破坏。此外,孔径的增加将导致不稳定的屈曲破坏模式。如图6-50所示为开孔方管的变形模式。

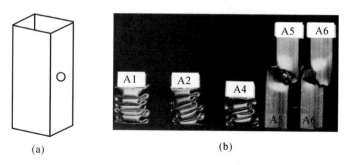

图6-50　开孔方管及其变形模式

　　(5)改变几何形状。通过改变方管的局部形状获得稳定的变形模式。如图 6-51 所示是一种中部凹陷的方管,用半球形压头压制而成。它可以稳定地产生对称屈曲变形模式。图中也示出了随凹陷深度的增加方管的变形情况。

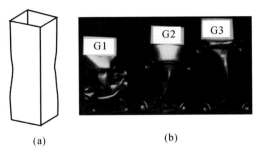

图 6-51　中凹形方管及其变形模式

　　(6)特殊装置。如图 6-52 所示是一种用于方管的触发机制。在方管内部两对侧安装拉伸条,拉伸条上方是冲击杆。当冲击杆受撞击时,迫使拉伸条将管壁向内拉,从而在方管上制造缺陷;撞击物接触方管后,方管受轴向压缩,产生渐进屈曲。

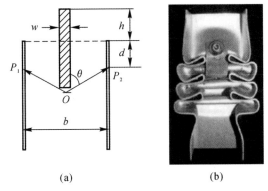

图 6-52　拉伸条屈曲触发机制
(a)原理图;　(b)试验结果

2.设计分析

　　(1)开剖面立柱。开剖面立柱很难产生稳定的破坏模式。通过引入触发,利用有限元法考察比吸能的变化情况。图 6-53 所示为几种不同的触发示意图,采用的触发有腹板上开孔和开槽。立柱长度、腹板、缘条、突缘和厚度分别为 500 mm,82 mm,22 mm,8 mm 和 1.6 mm。

　　图 6-54 所示显示了孔径对立柱破坏模式的影响。当在腹板上开圆孔后,圆孔成腹板的薄弱环节,破坏从圆孔处开始。图 6-55 所示是不同孔径和无孔情况下的比吸能随位移变化曲线图。对比分析知,各立柱在前 100 mm 的比吸能曲线基本重合,当位移大于 100 mm 后,立柱的比吸能随着孔径的增加而增加。位置达 200 mm 以后孔径 18 mm 的立柱具有最高的吸能效率。

　　图 6-56 所示是无触发、开圆孔和开槽的立柱的破坏模式对比。3 种情况均产生整体失稳模式。图 6-57 所示为比吸能曲线的对比。位移达到 200 mm 以后,比吸能由大到小依次为开圆孔立柱、无触发立柱、开槽立柱和原结构立柱。

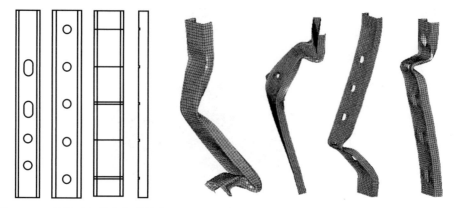

图 6-53 开剖面立柱的各种触发   图 6-54 圆孔对变形模式的影响

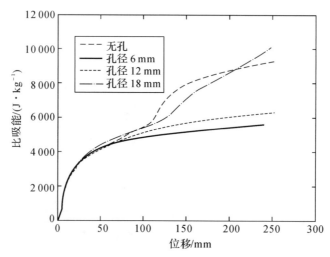

图 6-55 孔径对比吸能的影响

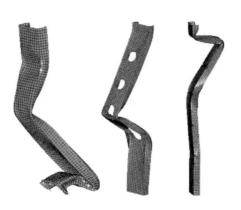

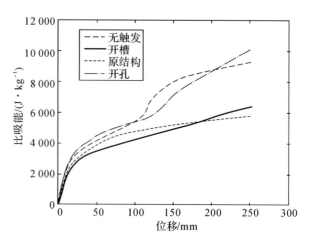

图 6-56 触发对变形模式的影响   图 6-57 不同触发对比吸能的影响

开剖面立柱很容易产生不稳定变形,引入触发的目的是尽可能提高其吸能效率。为了减重,机身结构构件经常要开减轻孔。将减轻孔的设计与触发设计结合起来,对机身结构适坠性设计是有利的。

（2）闭剖面立柱。

这里采用形式简单的直线式触发器。触发器形状为等腰三角形,三角形底边尺寸为 10 mm,高为 0.5 mm,配置在圆管的中部和端部位置,如图 6-58 所示。立柱尺寸为 $L \times R \times t = 310$ mm$\times 50$ mm$\times 2.5$ mm。计算得到两种情况下变形模式,并与无触发的情况进行对比,如图 6-59 所示。触发器配置在中部时产生完全非轴对称的变形,无触发器时产生三角形变形,而触发器配置在端部时情况最好,产生了轴对称的六角风琴变形。

图 6-58　触发器位置

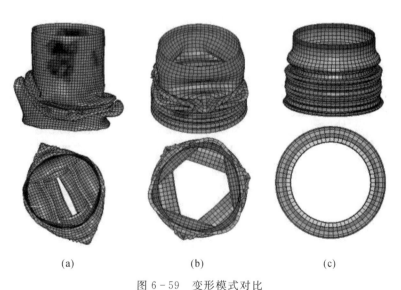

(a) 　　　　　　　 (b) 　　　　　　　 (c)

图 6-59　变形模式对比

（a）触发器在中部；　（b）无触发器；　（c）触发器在端部

三种情况下,能量吸收曲线对比和载荷历程曲线对比分别如图 6-60 和图 6-61 所示。从吸能曲线可以看出,对于发生非轴对称破坏的情况,加了触发器的情况会使能量吸收略有降低;但端部加触发器的情况最后却超过了没有加触发器的情况。由图 6-60 可以看出,触发器对载荷位移曲线影响不大,这主要是触发器高度较低,然而对于触发器在端部的情况获得了更好的吸能模式。

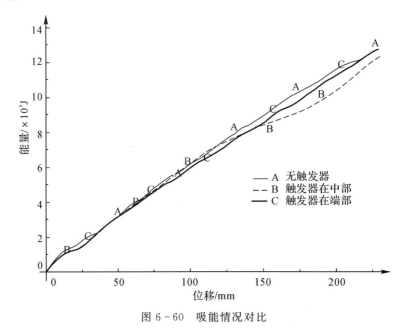

图 6-60 吸能情况对比

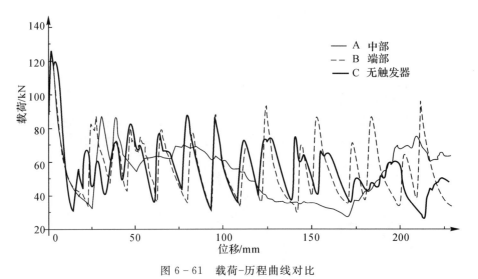

图 6-61 载荷-历程曲线对比

对尺寸为 $L \times R \times t = 410 \text{ mm} \times 39.79 \text{ mm} \times 3 \text{ mm}$ 的圆管进行计算,同样得到类似结果。对于没有加触发器的情况,产生轴对称的六角风琴变形向长方形变形的转换;对于在中部加触发器的情况,产生非轴对称的变形;对于在端部加触发器的情况,产生轴对称的六角风琴变形。这 3 种情况的吸能曲线以及载荷曲线对比分别如图 6-62 和图 6-63 所示,其中 A 为无触发器,B 为中部加触发器,C 为端部加触发器。

在适当的位置布置触发器,能够使圆管产生轴对称的六角风琴破坏,获得优良的能量吸收性能;为了降低初始冲击载荷,还需要对触发器的尺寸进行仔细设计。

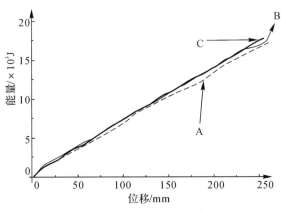

图 6-62　吸能情况对比

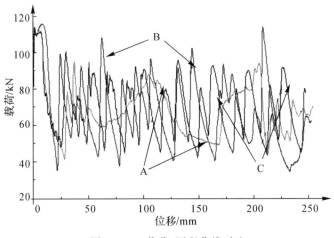

图 6-63　载荷-历程曲线对比

6.2.4　吸能填料的作用与设计应用

吸能填料主要用作夹芯结构的芯材,填料外表面覆盖面板。坠撞过程中吸能填料可以吸收一部分能量,减缓冲击载荷,对乘员、设备起到保护作用,因而在现代飞行器设计中得到了应用。尤其在新型飞机吸能结构的研究中,采用吸能填料的结构构型越来越受到重视。一般地,吸能填料主要有铝泡沫、聚乙烯泡沫、聚氨酯泡沫等。

图 6-64(a)是 NASA 提出的一种抗坠撞机身结构构型。地板下部用泡沫填充,构成能量吸收的泡沫填充下地板。图 6-64(b)是这种泡沫填充下地板的压溃应力-行程曲线,显示出良好的平均应力特性。图 6-64(c)是安装了泡沫填充下地板的 1:5 缩比机身段坠撞试验的加速度响应曲线。

由于泡沫具有较强的吸能能力,在民机机身结构设计中,采用泡沫填充降低初始冲击过载,并改善机身冲击响应特性,具有良好的应用前景。

这里采用在货舱地板下部框与机腹蒙皮之间填充的方式。在填充区域需要构造一个填充腔,由金属蒙皮制成。构造示意图如图 6-65(a)所示。桁条由机腹位置移动到填充腔顶部。

泡沫块采用两种形式,一种是贯通式,在整个腔室完全填充;另一种是分块式,仅填充在各框位置下,如图 6-65(b)所示。

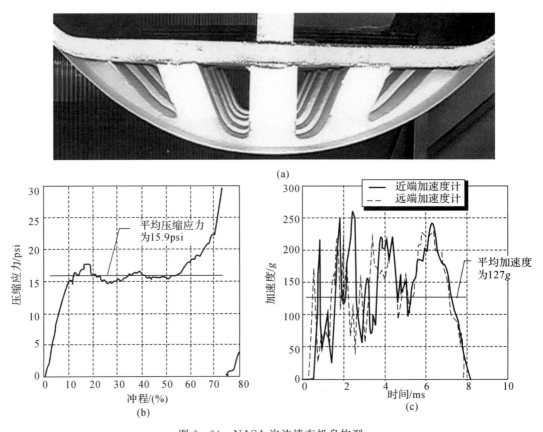

图 6-64　NASA 泡沫填充机身构型

(a)泡沫填充的下地板；　(b)下地板元件试验应力曲线；　(c)缩比模型坠撞试验加速度曲线

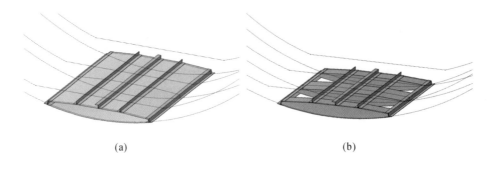

图 6-65　泡沫填充结构

(a)填充腔；　(b)分块填充泡沫

1. 采用贯通填充的吸能效果

聚乙烯泡沫材料模型采用等效的弹塑性材料模型模拟,材料属性见表 6-5。有限元模型如图 6-66 所示,其中泡沫质量为 24.95 kg。机身结构变形如图 6-67 所示,泡沫两端的框上产生两个塑性铰。

表 6 - 5　聚乙烯泡沫材料属性

类型	密度/(kg·mm⁻³)	弹性模量/MPa	泊松比	剪切模量/MPa	屈服模量/MPa	最大塑性应变
数值	3.3×10^{-7}	6.72	0.3	0.16	0.302 4	0.8

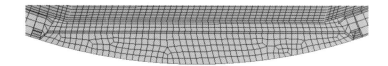

图 6 - 66　泡沫填充机身底部有限元模型

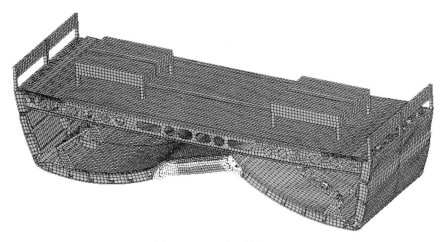

图 6 - 67　机身段结构变形

机身结构的能量变化曲线如图 6 - 68 所示。泡沫吸收的能量占机身吸收总能量的 18.3%，斜撑吸收的能量占机身吸收总能量的 8.17%。

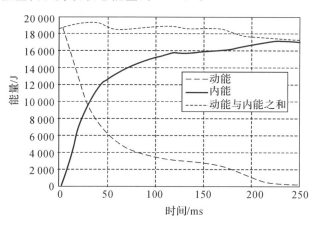

图 6 - 68　机身能量变化曲线

加速度输出位置如图 6-69 所示。顺航向右侧座椅中部节点编号为 121356,左侧座椅中部节点编号为 119412。加速度-时间历程曲线如图 6-70 所示,曲线采用 150 Hz 低通滤波。

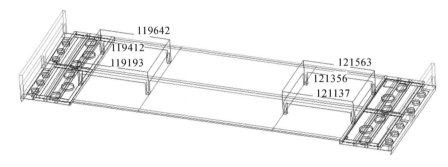

图 6-69 加速度输出点位置

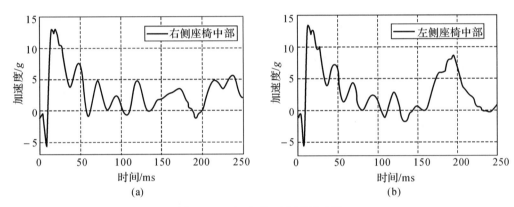

图 6-70 加速度-时间历程曲线
(a)右侧座椅中部; (b)左侧座椅中部

2.分块填充的吸能效果

Rohacell 31-IG 泡沫是一种聚甲基丙烯酰亚胺泡沫,具有高温性能好的优点,即便受压缩载荷达到 75% 行程,仍近似表现出线弹性-理想塑性材料响应的特性。材料属性见表 6-6。

表 6-6 泡沫材料属性

类型	密度/(kg·mm^{-3})	弹性模量/MPa	泊松比	切线模量/MPa	屈服模量/MPa	最大塑性应变
数值	4.49×10^{-8}	13.8	0.3	0.37	0.62	0.8

有限元模型如图 6-71 所示,其中泡沫质量为 3.39 kg,机身结构变形情况如图 6-72 所示。

图 6-71 泡沫填充机身底部有限元模型

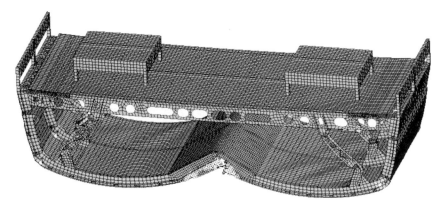

图 6-72　机身段结构变形

机身结构的能量变化曲线如图 6-73 所示。机身结构各个部分吸收的能量占机身吸收总能量的百分比见表 6-7。泡沫吸收的能量占机身吸收总能量的 14.9%,斜撑吸收的能量占 6.36%。座椅中部位置的加速度历程曲线如图 6-74 所示,曲线采用 150 Hz 低通滤波。

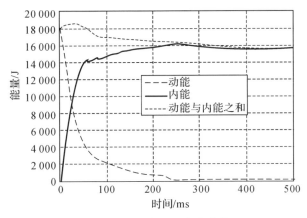

图 6-73　机身能量变化曲线

表 6-7　各个部分吸收能量的百分比

部　件	百分比/(%)
机身结构	100
隔框	31.4
泡沫	14.9
机身底部蒙皮	14.5
客舱地板横梁	10.9
泡沫上部蒙皮	8.6
机身侧面蒙皮	7.04
斜撑	6.36
客舱地板	4.55
其他	1.82

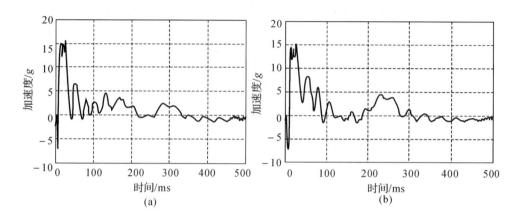

图 6-74 加速度-时间历程曲线
(a)右侧座椅中部; (b)左侧座椅中部

可以看出,采用泡沫填充底部结构可以获得很好的冲击响应特性。经过仔细设计,可以将最大过载控制在坠撞发生后的50ms内,能避免二次冲击引起的高过载,加速度响应衰减很快。相较而言,采用分块填充的方式质量特性较好。

6.3 机身框结构吸能设计与分析

机身框主要有以下功能。

(1)保持机身的外形,维持机身横剖面的形状;

(2)限定桁梁和桁条的长度;

(3)作为周向止裂带,用于阻止蒙皮裂纹的扩展;

(4)将其上所承受的内、外载荷传递到机身壳体上;

(5)传递主接头上的载荷。

在飞机非正常着陆过程中,机身框除了上述功能外,还可耗散相当一部分冲击能量。以一典型民机机身框段结构为例,说明其在飞机非正常着陆过程中的吸能设计与分析。

选取的三框两段的典型机身框结构如图6-75所示,该结构中包括隔框、蒙皮、客舱地板、斜支撑和货舱地板下部结构。机身框结构垂直撞击地面,撞击后机身框发生很大的塑性变形。建模中采用以下简化:客舱地板上部结构作为质量等效的刚性体作用在客舱地板两侧;乘员-座椅系统作为质量等效的刚性体连接于客舱地板座椅滑轨上,左、右乘员-座椅系统质量均设为 m_1;构件之间的连接采用节点协调处理,忽略铆钉、螺钉、连接销等的影响;与框段撞击的硬地采用刚性平面模拟。

由于机身结构形状复杂,尺寸大,厚度相对较小,因此对框、斜撑、货舱地板、客舱地板、长桁、蒙皮、连接角片及刚体地面均采用四节点的壳单元;附加质量采用八节点的实体单元;地轨梁及Z型件采用梁单元;机身底部用于模拟撞击时地面的刚性面同样采用了四节点的壳单元。典型的有限元模型如图6-76所示。

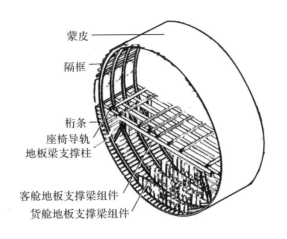

图 6-75　典型机身框结构示意图

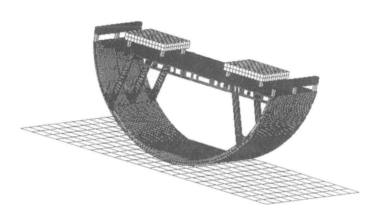

图 6-76　典型机身框下部结构有限元网格

　　有限元模型中材料为铝合金 2024 和 7075,其性能参数见表 6-8。铝合金材料采用双线性弹塑性本构模型描述,采用最大等效塑性应变作为材料失效准则。在坠撞过程中,部件之间的接触采用点、面接触,取静摩擦系数 0.2,动摩擦系数 0.1。

表 6-8　铝合金材料参数

材料	铝合金 7075	铝合金 2024
密度/(kg · m^{-3})	2 796	2 768
弹性模量/GPa	71	71
泊松比	0.33	0.35
屈服强度/MPa	469	269
硬化模量/MPa	852	908
破坏应变	0.08	0.15

　　假设机身框段以 7 m/s 的初始速度冲击地面,通过 LS - DYNA 有限元软件对模型进行

数值计算分析,结构对应的变形应力云图如图 6-77 所示。

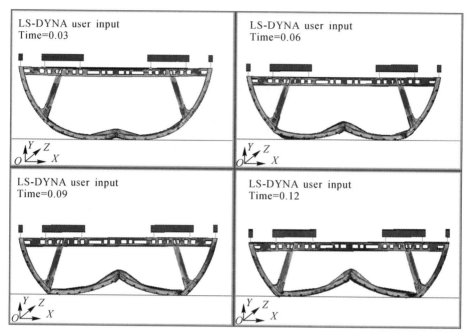

图 6-77　典型时刻结构变形应力云图

从图 6-77 中可以看出,结构在接触地面的瞬间几乎同时开始塑性变形。框结构上 3 个部位应力远高于其他处的应力,形成应力集中。应力集中分别位于框的最底部以及框与两个斜撑的连接处。在框的最底部最先形成塑性铰,发生折皱变形,随着冲击过程的进行,这种变形越来越明显;之后,在框与斜撑的连接处的下部出现塑性弯曲变形,致使结构向下压溃,斜撑杆与地面直接相撞。在整个过程中,货舱地板随着框的塑性变形也发生局部屈曲,而斜撑及其他部件并上没有出现明显的变形。

由于飞机结构适坠性设计的主要目的是保证飞机结构在发生意外事故时乘员的安全,因此,如何减小坠撞过程中结构传递给乘员的冲击力,是设计中考虑的重点。

如图 6-78 所示给出座椅中心一点冲击加速度随时间变化的曲线。从图中可以看到,在冲击初始阶段,加速度幅值急剧增加,在 4.8 ms 时达到极值 $13.6g$,虽然高过载只是瞬间,但由于其值高达 $13.6g$,大大超出人体所能忍受的极限。在经过初始阶段的大幅值之后,从 10 ms 开始至 90 ms 之间,加速度有所降低,并持续在一个相对稳定的水平。90 ms 后,加速度值又突然增加,出现了二次过载,并且在 108 ms 时达到最高点 $17.7g$。参考图 6-86 中的变形图可以看出,正是由于框结构与地面直接相撞,从而产生了二次过载。因此,应充分发挥各个结构部件的吸能潜力,合理触发结构的失效模式,进而减小冲击过载。

图 6-79 所示给出了结构在撞击过程中的能量变化曲线。从中可以看出,结构初始动能 E_K 在逐渐衰减,而结构的内能 E_I 相对应地从零开始不断增加。对比可以发现,计算结束时的结构内能相当于初始动能的 77.7%,可见,结构的大部分初始动能转变为内能,通过结构的塑性变形予以吸收;在冲击速度下降的最低点,内能相应达到最大。

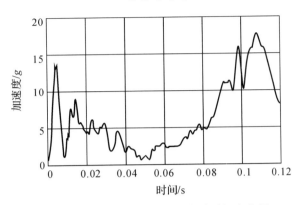

图 6-78　座椅处的冲击加速度随时间变化图

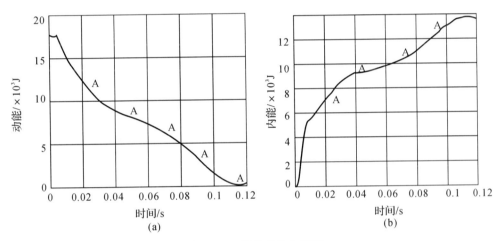

图 6-79　能量变化曲线图

(a)系统动能；　(b)结构内能

　　表 6-9 给出了在冲击结束时各部件中内能的分配情况。从中可以看出,机身框结构在冲击过程中吸收的能量最多,高达 34.4%;其次是蒙皮、客舱地板、货舱地板及其附件。因此,框结构的失效模式对整个结构的适坠性能起关键作用。

　　由于框结构在冲击过程中吸收了很大一部分能量,因此,如何触发框结构的变形模式,使其既能充分发挥自身的吸能潜力,又能合理触发其他结构的变形,从而减小初始冲击力幅值,提高结构适坠性能就是一个重要的研究内容。机身框结构可简单地视为圆环(或圆管)系统,而关于圆环和圆环系统的理论知识已经相当成熟。余同希等人在理论上预测了圆环系统在面内载荷作用下塑性铰出现的位置,结果表明,圆环自身的几何尺寸、边界条件、载荷形式对圆环的变形失效模式都有很大的影响。

表 6-9　各部件内能分配

部件名称	内能/J	百分比/(%)
框结构	4 736.9	34.4
附加质量块	1.5	0.1

续 表

部件名称	内能/J	百分比/(%)
腹板	921	6.7
客舱地板	1 540.4	11.1
长桁	321.5	2.3
斜撑及角片	843.3	6.1
蒙皮	2 712.5	19.7
货舱地板及附件	2 690.8	19.5
总内能	13 767.9	100

6.4 壁板结构的适坠性设计

6.4.1 壁板结构及适坠性设计要求

常规壁板由隔框、蒙皮和长桁组成,是飞行器的一个重要结构。图 6-80 所示是机身客舱地板以下的壁板结构图,壁板剖面为圆弧形,长桁在蒙皮上近似于等间距分布。图 6-81 所示是一种由框和蒙皮构成的复合材料壁板。

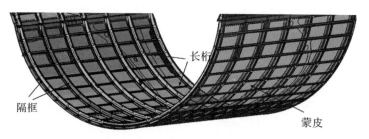

图 6-80 机身客舱地板下的壁板

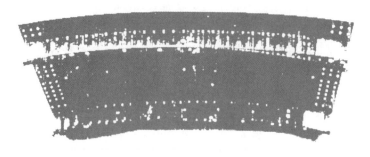

图 6-81 复合材料机身壁板

在飞行器结构适坠性设计中,不同部件的作用各不相同。图 6-82 所示给出了 3 种不同类型飞行器在坠撞发生前、后的情况对比。

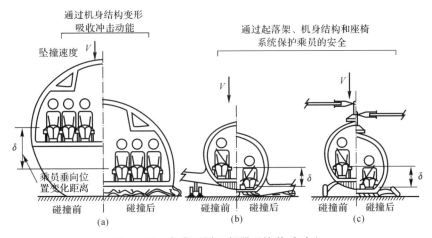

图 6 - 82 各类不同飞行器碰撞前后对比

(a)运输机； (b)轻型固定翼飞机； (c)直升机

机身结构在适坠性设计中应当考虑以下因素。

(1)为了避免在冲击过程中结构由于冲击破坏而对乘员安全产生威胁,同时也为了保证空间的完整性,客舱部分的机体结构需要设计得相对刚硬。

(2)根据上述要求,客舱部分的机体结构本身变形比较小,不可能吸收很多能量,机身塑性变形主要产生在客舱下部的机体结构。

大量的坠撞试验和理论分析表明,在坠撞过程中,机身结构的塑性变形主要集中在客舱地板以下部分,客舱地板以上的部件基本只产生少量的塑性破坏;机身隔框是主要的吸能部件,在适坠性设计中起重要作用。隔框的结构形状对塑性铰的位置和能量的吸收等有重要影响。此外,客舱地板斜撑杆的刚度和布局对机身结构的适坠性有一定的影响。

如图 6 - 83 所示,客舱地板以上的壁板结构设计得比较刚硬,客舱地板以下设计得较为柔软,利用较大的塑性变形充分吸收能量。蒙皮对隔框形成柔性支持,两者共同承担壁板结构的吸能功能。图 6 - 83 还列出了 5 种改善底部结构适坠性的吸能措施。

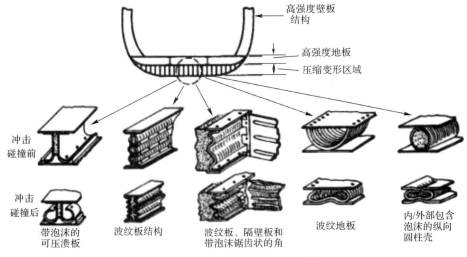

图 6 - 83 地板下的各种吸能措施

6.4.2 壁板结构的适坠性分析

客舱地板下部壁板结构为机身冲击的吸能区域，产生较大的塑性变形，蒙皮和隔框一起吸收大部分冲击能量。在机身冲击过程中，塑性铰最先出现在隔框底部中间位置，而且隔框往往先在这个位置产生局部破坏；在冲击后期，底部隔框发生断裂后，机身底部中间位置的刚度基本由机腹蒙皮保持，因此蒙皮对机身结构的适坠性的影响是两方面的。长桁是纵向构件，机身结构的破坏主要关于纵向中心线呈对称分布，产生破坏构件的主要是横向构件。

1. 壁板的破坏模式

客舱地板以下结构为主要的变形区域，需要考虑其破坏模式和能量吸收情况。这里采用有限元法对如图 6-84 所示的简化机身段进行分析。

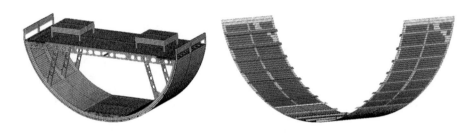

图 6-84 简化机身结构和壁板结构的有限元模型

图 6-85 和图 6-86 所示分别为壁板结构横剖面的变形历程图和客舱地板下壁板的塑性变形历程图。底部中间位置形成一个塑性铰，此位置的蒙皮产生很大的变形，随后在两侧对称位置产生两个塑性铰。客舱地板以下的壁板结构被这 3 个塑性铰划分成了 4 部分，底部中间位置的两部分结构围绕这 3 个塑性铰转动。

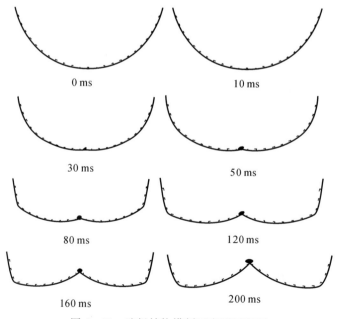

图 6-85 壁板结构横剖面变形历程图

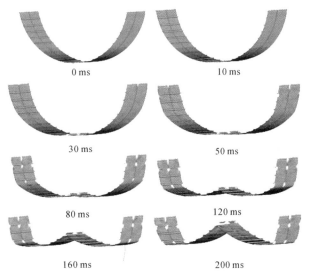

图 6-86　壁板结构塑性变形历程图

　　图 6-87 所示为壁板左侧最终的塑性变形图,蒙皮底部中间位置产生了较大的塑性变形,两侧对称的塑性铰位置产生了塑性变形,此外,在顶部靠近客舱地板位置也有一定塑性变形。而且两侧的塑性变形区域均在蒙皮与隔框的连接位置,其他位置均未产生大的塑性变形。

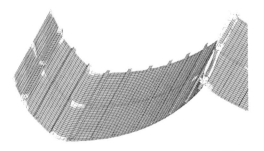

图 6-87　底部壁板左侧塑性变形区域图

　　图 6-88 和图 6-89 所示为波音 B737 客机坠撞试验的变形图[2]。底部隔框发生了较大的破坏,蒙皮和多数纵向长桁的变形较小,行李舱门一侧的蒙皮塑性破坏较大。底部中间位置的塑性铰也有向上运动的趋势,由于行李舱的作用,运动受到了很大限制。

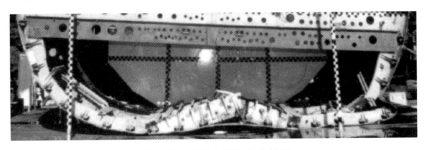

图 6-88　B737 框的变形情况

图 6-89　B737 接触区附近下地板的构件变形情况

分析和试验均揭示了壁板在坠撞过程中的变形规律。客舱地板下的蒙皮在中间的有较大的塑性破坏,在两侧对称分布的塑性铰位置附近蒙皮也存在一定的塑性变形,且在冲击过程中蒙皮的塑性变形主要位于与隔框相连接的区域。由于机身结构沿机身纵向中心线呈对称破坏,纵向长桁基本只发生很小的塑性变形。

2. 壁板的能量吸收

表 6-10 所示为计算分析获得的某机身段各个部件在冲击后吸收的内能大小及其所占的百分比。

表 6-10　各个部件内能的大小及其所占的百分比

部件名称	内能/J	占总内能的百分比/(%)
机身结构	15 837	100
壁板(隔框+蒙皮)	6 974.04	64.5
客舱地板横梁	2 457.17	15.5
客舱地板撑杆	2 087.56	13.2
客舱地板	706.38	4.46
其他(包括货舱地板)	362.40	2.29

由表可知,壁板吸收了绝大多数冲击能量,而其中机身隔框是主要的吸能部件。由于底部壁板中间位置产生了较大的塑性破坏,吸收的能量也比较大。底部两侧壁板也产生了塑性变形,吸收了一定的能量。

6.5　机身典型吸能结构部件的分析与试验

6.5.1　概述

机身典型吸能结构部件的分析与试验目的是评估并验证关于机身框、龙骨梁、机身壁板等结构的吸能设计的有效性及其吸能效果,所采用的分析方法和试验手段基本类似于第 8 章"机身结构坠撞数值分析建模与评价"和第 8 章"含内部设施的机身舱段适坠性试验"中的内容,只是因为吸能结构部件的分析与试验的特殊性而稍有差别。

与机身结构坠撞数值分析的目的不同,机身典型吸能结构部件的分析目的是评估结构吸能设计的有效性及其吸能效果,因此分析的指标首先是结构整体变形模式的正确性;其次是吸能设计目标对应部位的加速度响应历程、峰值及平均值;然后是结构的质心加速度、质心位移、回弹速度等,而且这些所关注的指标都是相互关联的。

因为要评估结构吸能设计的有效性及其吸能效果,为确保结构采用吸能设计前、后的分析结果具有可比性,结构修改部位的有限元建模原则应与原机身典型结构该部位的有限元建模原则(包括网格尺寸、元素类型、部件连接方式、计算控制参数等)保持一致。

结构吸能特性的数值分析主要选用显式非线性动力分析有限元程序,如 LS - DYNA、PamCrash、MS - Dytran、Abaqus 等软件。鉴于现代计算力学发展的局限性和机身典型结构的复杂性,吸能结构部件的分析结果不可能非常精确,特别是加速度峰值的具体数值与试验结果相比可能会出现较大的偏差。结构吸能分析主要有以下目的。

(1)结构整体变形模式、加速度响应历程、峰值所对应的时刻、平均值以及峰值的大小等的变化趋势。

(2)在相同的计算条件和基本一致的计算控制参数下,采用吸能设计前、后机身典型结构吸能效果的改善程度。

在吸能元件和小型结构部件的吸能概念研究过程中,分析模型有可能没有考虑重力场的影响,这在吸能概念研究中是允许的,其变化趋势的结论也是正确的。在机身典型吸能结构部件的分析过程中,因为其结果要与吸能结构设计验证试验的结果进行对比,所以分析模型必须考虑重力场的影响。重力场的影响主要体现在以下几方面。

(1)结构的加速度响应数值会改变,而且由于结构前期的响应直接影响到后期的响应,故结构变形模式也有可能出现逐渐增大的差异。

(2)对于此类坠撞问题,施加重力场即是考虑了结构势能的改变量。

机身典型结构的吸能设计是借鉴吸能元件和小型结构部件的吸能概念,将其合理地综合应用于机身典型结构上。吸能元件和小型结构部件的吸能概念研究是在理想的状态下进行的,其吸能效果会因工作状态(初始边界条件、变形历程等)的不同而呈现很大的差异,甚至有可能没有吸能效果。而机身典型结构上各个部件的变形状态是随时变化的,且某一时刻的变形形态受此前各相关部件的变形历程影响。因此,在机身典型结构上应用吸能元件和小型吸能部件的吸能效果并不是各个吸能元件和小型吸能部件的叠加,甚至有可能在采用吸能元件后产生相反的效果,故应针对研究目标应用恰当的吸能元件和小型吸能部件,以达到结构整体吸能效果最优的目的。

机身典型吸能结构部件试验的目的是评估并验证吸能结构设计的有效性及其吸能效果,因此采用吸能结构部件前的验证试验件可以在规模上与原机身典型结构不同,比如取原机身典型结构中间的一段作为验证试验件,但该试验件的设计应满足下述的要求。

(1)以原机身典型结构做合理的简化,以着重研究并验证结构吸能部位的响应,并且节约资源。但做简化的结构部件应是坠撞过程中应力及变形比较小的次承力部件,在坠撞过程中对吸收撞击能量起主要(或关键)作用的结构部件应与原结构保持一致。

（2）简化后的结构试验件在坠撞过程中的变形模式、响应历程及峰值应尽可能与原机身典型结构在坠撞过程中相应部位的变形模式、响应历程及峰值保持一致，特别是结构的变形模式必须保持一致。

（3）原机身典型结构中被简化的结构部件应与结构试验件中相应的结构部件质量、惯量保持一致，在刚度上尽可能保持一致。

6.5.2　民机客舱地板下部结构吸能设计

1. 客舱下部结构吸能特性分析

以某型民机前机身等直段结构为背景（见图 6-90），选取两个跨距（3 个框）作为研究对象，建立有限元模型（见图 6-91）。模型的简化原则为客舱地板上部结构简化为 3 个框，上部结构的质量等效到 3 个框上，客舱行李架的刚度和质量等效为两个纵向梁；客舱地板、座椅和乘员质量简化为一个等厚度平板，材料为钢；客舱地板下部结构与原型结构一致（包括材料）。

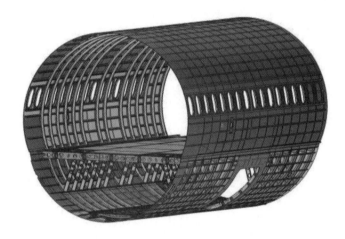

图 6-90　某型民机机身等直段结构示意图

图 6-91　用于坠撞分析的结构模型

所有结构元件均离散为板壳单元,各个元件之间以"点焊"连接,以 LS - DYNA 为求解器,考虑到撞击过程中模型各个零部件之间可能发生接触,故接触条件定义为自动接触,结构以7 m/s 的撞击速度垂直撞击刚性地面。以结构垂向平均加速度峰值和平均值响应来表征结构的适坠性,计算结果如图 6 - 92 所示。

2. 客舱下部结构吸能设计

从图 6 - 92 可知,结构加速度响应的峰值有两个:第一个峰值对应结构与地面的接触;第二个峰值对应货舱立柱与地面的接触。要提高结构的坠撞性能,需要降低加速度的最大峰值,同时使得响应的时间历程更加平缓,降低加速度的均值。初始接触产生的加速度峰值取决于结构质量、撞击速度和接触刚度。在结构质量和撞击速度确定的前提下,要降低加速度峰值,最有效的办法是降低初始接触刚度。至于货舱立柱与地面撞击产生的加速度峰值,可以通过改变变形模式,使立柱不与地面发生撞击来控制。

在原型结构中,地板下撑杆为"Π"形开剖面梁,其与地板梁和机身框之间的连接为螺栓连接,为改善结构的吸能特性,将其与地板梁和机身框之间的连接改为销钉连接(见图 6 - 93),该设计的目的是使斜撑在框平面内可以自由转动,即只承受轴向载荷,从而使其产生压缩变形,目的是控制结构变形模式,促使更多的结构材料参与塑性变形来吸收坠撞能量,提高结构吸能效果。

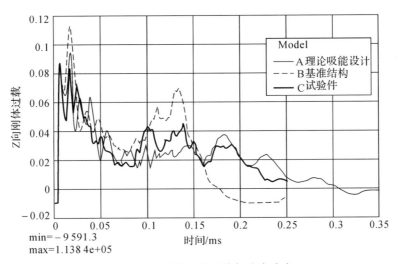

图 6 - 92　结构垂向平均加速度响应

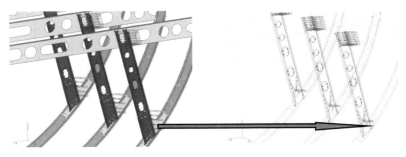

图 6 - 93　吸能措施示意图

采取吸能设计措施后,结构撞击分析结果如图 6-92 所示,结构垂向加速度两个峰值明显降低,整个响应时间历程更加平缓。

3.试验件设计与制造

考虑到制造工艺和制造成本等因素,上部结构采用 3 个刚性框以及 5 个纵向桁条组成的框架结构,每个框由设计要求中的圆弧框简化为如图 6-94 所示的梯形框,上部结构的质量和惯性与设计要求的质量和惯性保持一致,试验件坠撞分析结果如图 6-92 所示。在模拟地板上预留了试验起吊用的起吊点,加工完成的吸能结构试验件如图 6-95 所示。

图 6-94 吸能结构设计模型

图 6-95 吸能结构试验件

6.5.3 民机客舱地板下部吸能结构坠撞试验

1.试验方法及试验设备

试验采用自由落体方式,为保证投放初始状态无滚转/俯仰,试验件采用四点起吊,单点投放的方法。试验件由起吊装置提升至给定高度,通过控位装置调整其姿态,使其对准测力平台中心区;在确认试件高度和姿态满足试验要求后,试件由快速释放锁释放,自由跌落撞击测力平台。试件撞击测力平台的预计速度为 7 m/s,试验件需提升至 2.5 m 高。

快速释放锁打开瞬间,试验总控系统同步触发各测试子系统和高速摄像机设备,并在试验件完全静止后结束数据采集。试验后,记录结构变形及破坏情况。

试验设备包括龙门架、提升机构、释放机构、测力平台、标示杆、高速摄像机、数据采集设备、传感器等。释放机构和试验件之间应有保护装置,以防止释放后起吊用的钢丝绳或吊带及其他辅助装置损伤试验件。起吊状态的试验件如图 6-96 所示。

试验中测试的数据包括:结构撞击测力平台过程的姿态、结构撞击测力平台的初始速度、货舱地板和模拟客舱地板处的加速度、下部机身框和立柱典型位置的动态应变、测

图 6-96 试验件起吊状态

力平台撞击力、测力平台上的加速度(用于修正测力平台惯性对撞击载荷的影响)。

结构撞击测力平台过程中的空间姿态以及撞击速度通过数字图像相关法分析,试验过程

通过高速摄像图像获得;货舱地板和模拟客舱地板处的加速度通过抗冲击数采系统记录;动态应变通过动态应变仪记录。

2.试验数据分析

在撞击载荷作用下,结构出现大变形和局部破坏,如图 6-97 及图 6-98 所示。部分应变片断线和加速度传感器支座脱落,使得对应测量点数据记录不完整,其他试验测点均采集到了完整的数据,高速摄像图像记录完整。激光测速装置测得的结构撞击测力平台的撞击速度为 7.06 m/s,由图像相关法分析得到的试验件撞击姿态为俯仰 2°,滚转 1.5°。

图 6-97　试验件变形情况(整体)

图 6-98　试验件变形情况(局部)

以典型测点 1,2 为例说明数据处理过程(见图 6-94,点 2 对应模拟座椅乘员的重心点),由测点 1 的速度曲线可知(见图 6-99),试验件在 0.82 s 时触地,在 0.96 s 时反弹至速度最大,整个减速过程持续 0.14 s,将此作为基础脉冲宽度,取数字滤波截止频率为 42 Hz。滤波前、后的速度响应如图 6-99 所示,可知该滤波频率没有导致试验数据失真,滤波频率选择合理。

滤波后的测点 1 加速度响应峰值为 15.92 g,如图 6-100 所示。

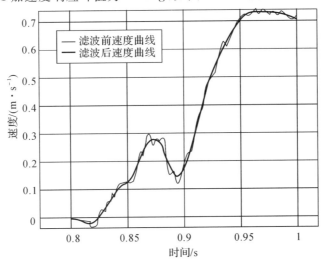

图 6-99　测点 1 滤波前、后速度积分(撞击到反弹结束)

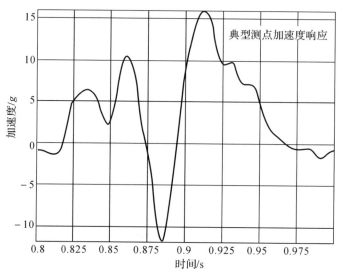

图 6-100　测点 1 滤波后加速度曲线

3.试验与分析的相关性评估

吸能结构坠撞试验的目的之一是验证结构坠撞建模方法,通用的评估方法是对比其加速度-时间响应历程,包括加速度峰值、峰值出现的时间以及基础脉冲的宽度等。一种较为有效的方法是从能量角度出发,以结构撞击后的反弹速度来评估结构的总体刚度和能量吸收特性。由于结构反弹速度取决于结构撞击过程中储存的弹性能(忽略试件与撞击平面的摩擦等耗散的能量),而结构储存的弹性能直接与结构的总体刚度有关,结构越软,反弹速度必然越低,因此通过结构的撞击反弹速度,与仿真结果进行对比,可以评估结构的总体刚度和结构的总体能量吸收特性。目前,结构有限元建模一般基于结构 CAD 模型,在建模完成后可直接对结构有限元模型的惯性特性进行评估。

综上,结构坠撞试验与分析的相关性评估一般采用下述方法。

(1)有限元建模完成后评估模型的惯性特性(与 CAD 模型对比),试验准备完成后测量试验件的质量,考虑附加的测试系统对结构惯性的影响。

(2)通过结构坠撞试验,分析撞击后的反弹速度,以评估结构/有限元模型的总体刚度特性和能量吸收特性。

(3)通过典型位置的加速度/动态应变响应和变形特性评估有限元细节建模方法和结构的适坠性。

取模拟客舱地板的平均反弹速度和假设乘员质心处的加速度为评估对象。分析的数据为最大反弹速度、下落速度降为零的时间(代表能量吸收过程结束)、加速度峰值以及加速度峰值出现的时间。模拟地板上布置了 8 个加速度传感器,速度由加速度信号积分得到,平均速度为8 个加速度传感器最大反弹速度的平均值。假设乘员质心处布置了 2 个加速度传感器(见图6-94),相关性分析时取两个测点的平均值。

首先对预试验分析结果进行评估,结果见表 6-11,分析模型最大反弹速度小,能量吸收时间长,可见有限元模型较实际结构总体刚度偏低,但货舱地板下部结构局部偏刚硬,导致峰值加速度出现的时间早,并导致结构的总体变形模式不一致,如图 6-101～图 6-103 所示。

预试验与数值分析不一致的原因:分析模型的初始状态和试验模型有差异,有限元建模过程中所有连接点为刚性连接,没有考虑连接失效;没有获得准确的材料动态力学性能参数;没有考虑钉孔对结构刚度的削弱效应等。

基于试验结果,对计算模型进行了局部修正。按试验状态修改了模型质量、撞击姿态及撞击速度,基于工程经验给定连接件的失效模型和失效判据,考虑了材料的率相关特性,将模拟客舱地板塑性修改为弹性,改变客舱地板撑杆连接刚度。

修正后,分析与试验的相关性对比较预试验分析/试验的相关性有了明显改善,反弹速度误差仅为 1%,见表 6-12。修正后地板结构下部变形模式和变形过程也基本一致,如图 6-102和图 6-103,说明修正后分析模型从总体上反映了结构的刚度和惯性分布,但由于没有连接件动态失效的准确试验数据及局部细节有限元模拟困难(特别是可转动的销钉连接),使得结构能量吸收时间和加速度峰值出现的时间有较大的误差,后续还需要对连接动态失效模式和结构建模方法开展进一步研究。

表 6-11　试验前分析结果与试验相关性分析

	平均反弹速度/(m·s⁻¹)	速度降为 0 的时间/s	加速度峰值/g	峰值出现的时间/s
试验	1.01	0.116	15.92	0.100
分析	0.76	0.218	25.20	0.026
误差	24.8%	87.9%	58.3%	−74.0%

表 6-12　模型修正后分析结果与试验相关性分析

	平均反弹速度/(m·s⁻¹)	速度降为 0 的时间/s	加速度峰值/g	峰值出现的时间/s
试验	1.01	0.116	15.92	0.100
分析	1.02	0.182	13.88	0.139
误差	1.0%	56.9%	−12.81%	39.0%

图 6-101　结构撞击变形图(模型修正前)

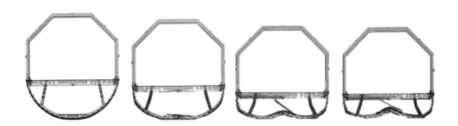

图 6-102　结构撞击变形图(模型修正后)

图 6 - 103　结构撞击变形(高速摄像片段)

参 考 文 献

[1]　刘小川,周苏枫,等.民用飞机客舱地板下部结构吸能优化.机械科学与技术,2011,30 (11):1968 - 1972.

[2]　刘小川,周苏枫,等.民机客舱下部吸能结构分析与试验相关性研究.航空学报,2012,33 (12):2202 - 2210.

[3]　杜星文,朱宏伟.圆柱壳冲击动力学及耐撞性设计.北京:科学出版社,2004.

[4]　郑建强,向锦武,罗漳平,等.民机机身下部结构耐撞性优化设计.航空学报,2011,33 (4):640 - 649.

[5]　任毅如,向锦武,罗漳平,等.客舱地板斜撑杆对民机典型机身段耐撞性能的影响.航空学报,2010,31(2):271 - 276.

[6]　郑建强,向锦武,罗漳平,等.民机机身段耐撞性设计的波纹板布局.航空学报,2010, 31(7):1396 - 1402.

第7章　机身结构坠撞数值分析建模与评价

民机机身结构坠撞试验是民机机身结构适坠性设计验证过程中的关键技术环节之一,试验准备周期长、成本高、风险大,只能模拟某种特定的坠撞环境,并且是不可重复的破坏性试验。为规避物理试验风险,缩短开发周期和减少成本,提高机身结构的适坠性设计水平,随着计算仿真技术的发展,目前数值方法已广泛应用于结构适坠性分析、设计及评估流程中,但是由于机身结构坠撞是一个极其复杂的物理过程,涉及材料非线性和几何非线性,其计算结果的可用性和可靠性主要取决于建模方法和计算方法是否合理可行,因此,一般需要通过一定的部件试验对建模方法和计算方法进行验证,同时需要大量的材料动态力学性能试验获得较为准确的材料动态特性参数。最终通过全尺寸的机身坠撞试验对全尺寸的分析模型进行验证,验证后的计算模型可以对其他坠撞环境下的结构适坠性进行预计,最终给出系统的适坠性评估结果。

7.1　结构撞击动力学数值分析建模技术

飞行器坠撞过程是一个涉及结构的大位移、大变形、损伤、破坏及材料的失效过程的高度非线性瞬态响应问题。飞行器的坠撞过程实际上就是机体结构与地面之间、机体结构与机体结构之间以及乘员与机舱内部结构之间等一系列相互作用的过程。在这个碰撞过程中,伴随有结构的大位移、大变形以及材料的破坏失效。归根结底,飞行器结构的坠撞分析就是如何去分析上述一系列接触碰撞问题。经过多年的发展,数值模拟方法的理论基础已臻完善,其可靠性也得到了大量工程实践的检验,具有解析方法所无法比拟的优越性,现已成为大多数工程问题的主要分析方法。有限元法是当今工程界中应用最为广泛的数值计算方法,由于它的通用性和可靠性,受到工程界的高度重视。正是由于有了有限元法这样强大的数值计算工具,使得飞行器坠撞过程分析成为可能。

一般来说,在条件允许的情况下,应尽可能地建立详尽的有限元模型,在建立机体的有限元模型时,应满足下述原则。

(1)保证载荷传递路径的通畅。也就是说,必须根据试验结果或实际工程经验来判别哪些结构部件对于动态载荷的传递是至关重要的。在动力试验过程中,不仅仅是飞机的整体布局会对作用于飞行员身体上的过载带来影响,更重要的是那些处于传力通道上的一些关键结构部件。如果位于传力路径上的结构部件过于刚硬,则传递到受控对象上的载荷将会很大;如果结构部件的强度不够,则其在坠撞过程中必然发生很大的塑性变形甚至破坏失效,使其他处于传力通道上的结构部件无法完成缓冲吸能任务或者是导致结构受挤压变形过大而危及飞行员/乘员的生命安全。不但如此,还应找出关键部件的连接形式以及连接情况,并尽可能地建立这些部件的详细的有限元模型,以保证仿真分析模型能够真实地反映载荷的传递路径。否则,将会给分析结果带来无法估计的误差。

（2）碰撞区域模型网格较细。动力试验过程是在巨大的冲击载荷作用下的一种复杂的高度非线性动态响应过程，并且时间很短。在缓冲吸能区域的结构部件材料一般都会迅速地超越弹性阶段而进入塑性流动状态，并出现屈服、屈曲、撕裂等多种形式的破坏或失效。因此，一个正确的动力分析模型应正确描述出缓冲吸能区域的局部结构特征。基于以上考虑，在建立飞机结构模型时，在缓冲吸能区域附近的结构有限元网格应细密，单元网格合理，以期反映出真实的缓冲吸能区域的相应情况。这对机体其他部件的后续响应分析来说是很关键的。

（3）连接件（接头）模拟必须真实。用于座椅的连接件破坏导致座椅从机舱壁板上脱落是航空座椅结构在坠撞事故中较常见的一种失效形式。连接区域的有限元网格应细密，单元网格合理，以期反映出真实的连接区域的变形及破坏情况。要获得合理反映实际座椅坠撞响应情况的有限元模型必须进行合理的工程假设，采用反映真实材料力学特性的材料参数，如弹性模量、密度等基本参数。对有可能发生屈服、屈曲甚至破坏失效等区域的材料则还应当给出反映材料的屈服模式、失效模式等破坏失效方式的屈服应力、极限应力、硬化模量以及应变率相关系数等材料参数，同时必须注意载荷的施加和约束条件的简化。

接头和连接件是座椅中典型的承载结构件，通常具有不确定的载荷传递路径和非线性的啮合（游隙）特性，这种特性难于用一般的数学模型描述。更改载荷通路或更改构件材料性能都会影响结构整体性和座椅性能，因此座椅结构的这些零件必须谨慎地建立模型。尤其要注意一切可能出现的失效模式。如果这些部分的确难以建模，则可以根据试验结果对结构模型进行修正，以便使得分析模型至少在刚度上和失效模式上与真实结构相近。例如，确定接头达到破坏时所需要施加的失效载荷，采用等效的方法在仿真分析模型中定义相应节点的失效载荷来描述座椅接头的力学特性。

（4）结构破坏失效模式必须正确。在动力试验过程中，吸能区域附近的某些部件会发生很大变形。吸能结构要求按照一定的可控制的方式受挤压变形来吸收动力试验过程中的能量。一般来说，通过吸能结构的塑性大变形以及损伤破坏来吸收大量冲击能量，以此来减少加在乘员身体上的过载。在进行座椅设计时，必须考虑到哪些结构在飞机坠撞情况下会发生屈服，哪些结构部件会因局部强度不够而发生损伤破坏，各个连接件的脱落方式以及结构部件的相互穿透形式。材料的屈服、损伤破坏性能参数及其屈服、失效模式是这一设计过程中的重要环节。要使设计的结构能够按照一定的轨迹破坏失效以满足降低过载、保护乘员的要求，就必须充分了解材料的屈服、失效等力学性能。在大量掌握了材料屈服、失效等力学参数的同时，选用恰当的材料屈服模式以及失效模式对动力学仿真模型的准确度具有至关重要的意义。

7.1.1 结构的截取及其边界效应

实际中的飞机坠撞事故非常复杂，涉及飞机撞击地面的姿态、初速度、地面的实际物理性态以及飞机结构的复杂构形与内部装载等多样性综合因素。完成这样一个复杂结构的撞击数值仿真并从中获取撞击损伤的各种技术信息，在现代技术水平上仍然是极其困难的。工程中的坠撞事故对于适航安全性而言，主要关心受撞后机身乘员座舱段结构的安全状况，因此，通过数值技术预测机身结构典型段的坠撞毁损状态是实际可行的方案。于是，结构的截取及其边界效应的考量是结构坠撞分析工作的首要环节。机身结构及其内部设施的适坠性预测分析通常截取前机身结构的一个典型段，截掉结构部分的刚度支持及其撞击载荷的传递作用是考虑被分析段结构建模的两个主要边界因素。

截掉结构显然可以对被分析段结构通过相互的具体连接方式对弯、剪、扭形变模式提供弹性支持,这些弹性支持刚度的大小可以通过静力学的单位载荷方法计算获得,问题的复杂性在于如何针对撞击问题在被分析段结构上施加这些弹性刚度。工程数值分析上可以采用以下两种模型加载的方式予以适当考虑。

(1)被分析段结构的两侧应是机身的实际加强框,通过适当增强两侧加强框的刚度(加大元件的截面积),起到适当模拟被截断结构的弹性支持作用。该方法的优点是操作简单,缺点在于很难精确确定刚度补强的数值大小,可适当利用工程经验给予分析判断。

(2)可将被截断结构作为刚体处理(可采用刚性盘来模拟),在分析结构段两侧的多个节点上(可按原结构的实际连接位置)通过与刚体上相应节点间的弹性连接施加被截断结构的弹性约束作用。由于被截断结构作为刚体处理,且模拟刚体并不参与撞击接触的计算处理,实际数值计算模型中仅增加了刚体形心上的个别计算节点。这种建模方法对于模拟被截断结构的弹性约束作用是较为准确的,也无需经验的判断,但撞击过程中应力波的纵向反射,对分析段两侧结构的局部连接及其附近区域产生不合理的应力作用,但这种局域化的影响作用在坠撞问题的总体分析中已显得微不足道。

截掉结构对分析段结构传递撞击载荷的作用显然是不容忽视的力学因素,处理的方法是,在被截掉结构的重心位置处布置一个计算节点,在该节点上施加与截掉结构质量相同的集中质量,且通过该节点利用弹性二力杆(或梁)与被分析结构一侧上的多个节点建立连接。在数值分析中,令这些集中质量参与撞击接触计算,即可实现被截掉结构的撞击力向分析结构传递。这种建模方式可能严重了截掉结构实际传递撞击力的状况(原始分布的薄壁结构被集中质量和弹性杆系所取代),可以通过适当加大集中质量点处的接触阻尼,或适当软化被撞击面(通常模拟的是混凝土地面)的物理特性,以达到减小集中质量弹性碰撞的作用。无论采用什么方法减小集中质量弹性碰撞的作用,都需调试计算参数,反复进行数值计算来比较其作用的变化,最终确定合理的计算参数。

以上所述被截掉结构两种作用的建模方法,可以同时使用,实现对其共同作用因素的数值分析,这种建模方法在技术原理上是合理可行的。

7.1.2　结构的离散

一旦获得了典型段分析结构的数字模型,要建立有限元数值分析模型首先面临的工作任务是建立结构的离散化网格(形成计算单元),并恰当选择结构单元的类型。以下所述的若干技术原则可仅供技术人员在分析建模工作中参考。

1. 单元类型

单元类型的含义指计算单元的受力模式和单元刚度计算的数值积分方案,最一般的单元类型是完全数值积分的三维实体单元。这类单元仅对于块体结构的离散化是有效的,对于轴类或板壳类元件几乎是无效的,技术原因有三点:其一,计算单元的分划应当尽可能是等边的,过分的比例失调都将带来数值计算误差。由于轴类或板壳类元件在 2 个或 1 个方向上的尺度通常远小于其他维度,因此,采用实体单元划分并保持尽可能相等的边长势必形成巨量的单元数目;其二,完全的数值积分方案对于单元刚度计算总是趋于刚性化的,对于特定的形变与受载模式以及体积不可压缩类材料特性,将导致单元计算结果的劣化(体积自锁、剪切自锁),一定程度上影响到动力学计算的稳定性,最终导致计算结果的不收敛;其三,单元数量大、积分点多显然增大了数值计算的时间,这对于使用显式积分求解器计算系统方程组将成为一个主要的技术障碍。由于上述原因,即使对薄壁结构选用轴类或板壳类计算单元,在数值积分方案的选择上也应当尽可能选择单点或选择缩减积分方案(以明显提高计算效率并改善刚化作用)。尽管这样的积分方案选择可能导致所谓的沙漏形变模式和应力棋盘模式,但现代计算软件系统中对两种不合理的形变与应力模式均采取了有效的算法技术,至少可以采用调整体积黏性参数或后期数值过滤处理的办法来避免应力棋盘模式的发生;当采用沙漏控制模式后仍存在形变的沙漏现象,唯一的办法是适当增加积分点数目。

对于机身这类整体薄壁结构,以下单元类型的选择是恰当的。

(1)对于非重要部位上的轴类元件可直接采用梁元(不能模拟轴类元件上分立板件的局部屈曲),而对关键部位(撞击区域附近)的轴类元件可在其上直接划分网格,用板弯单元的组合来模拟轴类元件(可模拟轴类元件上分立板件的局部屈曲)。梁单元的偏心与否对屈曲形变的刚度支持作用是显著的,可恰当采用梁元形心偏置的方法来建立其偏心状态。

(2)对于蒙皮、腹板类元件,通常采用板弯曲单元(现代分析软件上统称为壳单元)。应尽量避免使用三角形板弯单元(有损于计算精度),任意四边形单元的边长划分也应尽可能边长相近,过分的比例失调将影响计算精度。

(3)对于结构中较大的集中连接接头可采用实体单元划分,能较好地模拟接头的应力细节;也可采用刚性杆或梁单元来模拟其传力效果,但集中质量要尽可能正确。

(4)蒙皮/腹板与轴类元件的机械连接,在不重要的分析区域上可直接采用完全位移协调模式连接(同一节点方式);重要区域上可采用仅在连接钉排位置处建立位移全协调连接或弹性(非弹性)的连接(用零长度弹簧元模拟,也可对这种弹簧元建立强度破坏准则),并在连接面上设置接触状态。

2. 单元尺度

计算单元网格尺度的大小在有限元分析中是一个重要的考虑因素,对撞击动力学的数值计算尤为如此。单元网格粗大,其影响作用类同于结构刚度的增大,可使得运动速度/加速度等响应量变大、应力波传播加速,撞击的部位变形失真,接触体间的相互侵入量增大等,导致各式各样的计算误差。动力学数值计算的一般经验是尽可能细化或等比例均匀变化,与静力学建模的基本概念类似,在应力变化剧烈(结构形变形态可能较大)的部位,结构受撞的直接及其附近部位以及可能的接触区域上,单元网格应尽可能细化,而远离形变变化较大或非撞击/接触的区域,可以粗化。但这种由细化到粗化的过渡应当是均匀比例放大的,单元大小的突变对应力场的计算影响较大,而且两个接触体间的网格尺度也应尽量相等,否则会导致相互侵入几何的计算误差增大。

单元尺度的大小本质上属于数值计算的收敛性问题,可通过比较不同尺度的单元网格分划所获得的计算结果来确认网格大小的影响作用,也可检验接触区的相互侵入量大小来确认计算误差的容许程度。当然,有适当的试验数据检验更为理想。本项目研究工作中开发了一个板类元件网格尺度的标定器,以非常细化的单元网格分化的数值计算结果为基准,利用数值优化技术,通过调整单元的材料性能参数以及单元的几何刚度参数等,寻找一个尽可能粗化的单元网格分划,使得板型元件在标准撞击载荷作用下的冲击载荷响应(支反力历程)、内能吸收量以及数值计算的稳定性(伪能量控制)均在工程容许的误差范围内。

3. 单元属性的分组

单元属性分组是现代数值分析软件提供的一种数据管理工具,利用它可将具有相同属性的结构单元形成一个特定刚度属性的数据组,可大大减少有限元模型数据的前处理规模,同时对后处理的响应量图显也是十分有帮助意义的。在数值计算建模或结果的后处理分析中,利用不同的属性分组可直接进行图显,帮助检验模型正确与否以及局部结果的局部形态。因此将同类元件按构件、部件的规律实施分组对分析工作有着很好的帮助作用和意义。

7.1.3　结构置于重力场中

所谓坠撞即是指结构在重力场中发生的跌落事件,将所建立的结构有限元模型置于重力场中,力学上是对结构施加了与结构质量密度成正比的体积力(应注意与静力学中的惯性载荷方向相反),技术操作上是在结构模型的所有节点上(也是一致质量或集中质量的节点)设置重力加速度 g,由软件算法将这种体积力转换成节点力(节点质量乘以重力加速度)。于是,这种节点外部载荷的施加用动力学的观点看是一个阶跃型函数,势必产生结构的冲击动态响应。

为真实模拟结构在重力稳态场中的跌落行为,消除这种阶跃型重力载荷对结构的冲击动态效应,可以动力释放算法,该算法采取了两个算法措施:

其一,在显式时间积分算法中引入了所谓的比例阻尼,即在速度的时间中心差分计算中,通过一个比例系数来适当降低前一时间步长的速度取值作用。

其二,在系统离散化方程中,引入一个与质量成正比、与时间步长成反比的阻尼系数(矩阵),以加大结构的过阻尼行为。只要在结构坠落前增加一个小量的计算时间段用于重力场稳态计算,即可消除重力载荷的瞬态效应。

7.1.4　接触条件设置

现代有限元分析软件技术中提供了丰富的接触模式算法工具,在接触算法的选用过程中,有必要正确运用薄壁结构撞击的基本力学概念与数值计算特点对各种接触状态的设置加以恰当的判断与分析。以下几方面的说明仅供技术人员在分析工作中参考。

(1)主控与从属接触面的选择。从接触的物理角度看,无所谓主控接触面或从属接触面,这是数值算法技术的一种需要,接触算法中始终检查从属接触面上的节点速度和位移,并计算对主控接触面的侵入量(在更新的 Lagrange 算法中计算相互侵入率),来判断和确认接触形态,进而做出下一个时间步的接触计算调整。由于两个接触体的单元网格划分是独立的,在这种主、从接触面设置的几何算法中,应当将单元网格更细的接触面设置为主控面,以利于提高从属接触面节点在主控面上侵入量的计算判断精度。

(2)可能的接触区域设置。接触状态的计算与判断是以离散化系统方程组显式时间积分步后的计算判断为代价,大量的接触状态判断计算,显然将增大结构模型求解所需的 CPU 时间。因此,尽可能少地设置接触面是有利的,精确确定接触面的大小是非常困难的,但大致判断可能的接触域则是可能的。

(3)单面接触状态的设置。单面接触是指结构在形变运动过程中由于元件屈曲、弯折等变形形态所可能导致的自身接触状态,这种接触状态设置一般仅限于结构元件自身,不需要设置从属接触面(因无法预知)。实际使用中,可对撞击附近区域的薄弱元件(桁材与板件)设置此接触预计状态。

（4）自适应接触设置。自适应接触是指当组成接触面的单元因承受过大的应力或应变而达到强度破坏时，这些单元将从接触面中被删除，由此改变接触面的构形。这种接触状态的设置以及"坏单元"的删除是必要的，这一方面表明了因撞击接触而可能形成的破坏状态；另一方面"坏"的这些单元已在结构中不能起到传力功能，对接触计算是一种浪费。同时，变形过大的单元可导致计算误差的增加，甚至形成负体积（Negative Volume）而导致数值计算的终止。著名的 LS - DYNA 3D 商用软件对于实体结构还提供了 Erode Surface - to - Surface 接触算法[7]，允许接触表面变形过大的单元从中剥离，新暴露出的面仍可作为主/从接触面。

（5）关于接触阻尼。由前述的理论描述章节里可知，接触界面上的速度在时间上是不连续的，且这种不连续可以沿时间步传播，导致数值解的振荡，这种振荡的放大可能导致系统解过程的失败。因此，适当消除（或平顺）这种解的振荡性是必要的，理论上称其为解的规则化（Regulations）。利用接触阻尼算法技术可以达到此种目的，一般有两种实现接触阻尼的方法：其一，适当调小罚参数法中的罚力（罚因子），以适当放松接触侵入条件为代价，达到平顺接触速度解的效果。软件技术中实现这种黏性阻尼的算法是引入一个与临界阻尼成比例（小于1）的系数，这个临界阻尼可利用接触刚度及主/从接触面的质量来计算；其二，采用 Crunier - Mroz 摩擦模型，该模型依据物理接触面非光滑的事实，通过表面粗糙度的概念在接触计算中引入一个附加的力学量，达到平顺响应的目的。

7.1.5 材料本构模型的选择

由于工程结构中使用的材料种类较多，各类材料对于撞击的力学行为莫衷一是，尤其对撞击能量的存储、吸收与释放机制更为不同与复杂，关于材料的本构模型可参见本指南的相关章节。本节以机身结构常用的铝合金材料为例，结合撞击动力学的特点，分析说明材料本构模型选用过程中的若干技术概念。

就一般结构材料的受撞过程而言，表现出对撞击能量的存储、吸收与断裂释放，撞击过程完成后，受撞结构基于内部储能的大小产生弹性振动。对于坠撞这样一个较长时间的撞击问题，这种振动可以提前到撞击过程中，且可以是反复的塑性形变（金属材料）。这个事实导致同一结构部位随时间处于加、卸载的反复变化历程中，同时也可能导致不同部位处于不同的加载或卸载状态。对于铝合金这类弹塑性材料而言，不同的反复加载历程可导致大相径庭的应力应变状态，因此恰当选择真实表现铝合金材料后继屈服路径特点的模型是至关重要的。

上述问题是金属材料静力学范畴内的特征，不同材料、不同的加载历程可以表现出不同的路径相关特性。而结构材料对撞击动力学响应的基本特征之一是其率相关性，这表现为材料在不同拉（压或剪）速率条件下，其响应曲线的不同。就工程金属材料而言，其弹性模量、初始屈服应力、塑性段切模量以及延伸率、断裂强度等都有可能发生变化，其规律随材料和加载速率的不同有较大变化，2024 铝合金在较大应变率范围内是率不敏感的，而 7050 铝合金就存在一定的率相关性。对玻璃纤维的单向层合板，在纤维方向上拉伸，率相关特性并不明显，且主要表现为相同的线弹性性质，而在偏轴方向的拉伸，随加载速率的变化，率相关特性就非常明显。因此，根据材料率相关特性，选择有率相关描述能力的本构模型是必须的。

对于铝合金结构材料，在本指南所关心的坠撞问题范围内，选择带有随动强化的弹塑性（Elastic Plastic With Kinematic Hardening）材料本构模型是恰当的。这种本构模型可以根据计算单元的应力加/卸载状态实现弹塑性计算的自动判断，且三维塑性应力状态描述方程是

Cowper - Symonds 模型,该塑性段模型通过其中的参数变化可实现从完全各向同性强化到完全随动强化间的任意变化;同时用指数型系数调整应变率对初始屈服应力以及塑性流变行为的影响作用。

率敏感材料的断裂强度也是率相关的,而且无论材料的率相关如何,结构中局部发生强度破断的行为还受到应力约束状态的影响作用(可用应力三轴度予以描述判断)。现代有限元分析软件所囊括的材料本构模型很多,但尚未发现有率相关断裂强度的描述模型,仍沿用静力学的断裂强度准则。虑及应力状态约束的强度积分准则(用于金属材料结构)有多种描述形式,且损伤力学的本构模型及强度准则在现代软件算法中也已应用,但所需的材料参数较多,试验获取方法及数据处理尚存在一定的技术难度,因此限制了这些复杂强度准则的工程应用。

7.1.6　求解器的选择与控制

求解器是指对有限元系统方程组的时间积分求解算法。动力学常微分方程组的求解器有两类,其一为隐式算法;其二为显式算法。隐式算法是一个对时间步长无条件稳定的复杂格式差分算法,显式算法是一个对时间步长条件稳定的中心差分算法。通常隐式求解器(如 Wilson $-\theta$ 法或 Newark $-\beta$ 法)较显式求解器的时间步长可大 3 个数量级以上。正是由于隐式求解器的时间步长大,对于撞击接触类问题所导致的位移、速度及面力的时间不连续响应量难于实施有效计算;而显式求解器的时间步长极小(临界步长为最小计算单元特征长度除以当前波速,通常可在微秒量级),对撞击接触类的不连续响应量按时间推进计算显得非常有效(可以不用迭代计算)。

显式求解器的控制参数包括总的求解时间、时间步长以及对结构和历程数据的输出选择等。时间步长是一个最为关注的量,不仅影响到总的 CPU 计算时间,而且影响到数值计算的稳定性。时间步长通常使用一个缩比系数乘以临界步长,默认值为 0.6。可以修改这个缩比系数,降低该系数只会减小系统所取的步长值;而过量增大则可能出现计算过程中的单元负体积(Negative Volume)错误。现代软件中提供了一个质量放大算法技术,在局部大刚度、网格很小以及变形较大的节点上可以通过放大节点质量来提高计算步长,但这对局部的应力等响应量将导致难以估计的计算结果。一般不推荐使用或在无关紧要的结构部位使用,特别对于接触区或惯性效应明显的部位不能使用。

显式求解方法的稳定性是临界时间步长 Δt_{cr} 的函数,定义为

$$\Delta t_{cr} = \min(Le/c)$$

式中,Le 是最小单元的有效长度,c 是应力波速度(材料刚度的函数)。分析所选择的时间步长必须比应力波越过有限元网格里最小的单元所经过的时间要短。否则,可能会增大数值的不稳定性,并使解发散。理论上,当选定一个与稳定性限制值相同的积分时间步长后,就可以得到数值上最有价值的解。尽管用户在开始分析时可以选定一个初始时间步长,但程序将计算临界时间步长 Δt_{cr}。如果用户输入的时间步长大于 Δt_{cr},则程序或是中断计算临界时间步长,或是不计算临界时间步长。通常的做法是选择时间步长 t 小于临界时间步长 Δt_{cr}。

7.1.7　计算结果后处理

现代软件技术中提供的后处理器通常有两类:其一,对动力学响应量任意历程时刻的空间分布数据形成等值线图或彩色云图;其二,对任意响应量的时间历程以曲线形式输出。应当提

醒的是,形变位移、速度、加速度数据仅是节点时间历程数据,而应力、应变的原始历程数据是形心点上的值,软件通过插值技术已将其处理到了计算节点上。

现代软件中还提供了对响应量历程数据的各种滤波后处理算法,应用于数值噪声较大的节点响应量是非常有效的,但一般不宜用于撞击接触区域附近的节点数据,因为这种滤波器是数学的而不是物理的,可能会将应力波传播所导致的高频数值消除,从而导致不真实的分析结果。

7.1.8 模型验证

大型结构的撞击动力学有限元数值分析建模不仅工作量巨大,而且需要细致深入的技术细节处理,模型质量的功亏一篑可能就取决于一个技术细节处理的不到位,因此模型的检验与考核是重要的工作环节。

模型的检验与考核并没有标准统一的做法,通常可以通过用静力学加载计算的办法来检验模型的传力真实性,用线性屈曲的特征值解方法检验模型刚度设置的合理性(尤其对板、梁类单元十分有效);用固有模态的特征值分析检查模型局部连接刚度、局部单元划分以及单元几何刚度设置的不合理之处;还可以截取部分结构进行试算与分析。

当获得了可资对比分析的试验数据结果,可比对模型计算中工程关心量与试验结果的误差,当误差在合理的容许范围内时,有限元分析的详细计算结果可作为试验数据的有效补充。

7.1.9 数值计算技术

飞行器坠撞分析本质上属于非线性瞬态分析问题,从有限元分析的角度来看,就是求解大规模有限元离散化后的非线性常微方程组,其中处理撞击过程中的各类非线性问题是常微方程组求解的重要数值技术。坠撞过程中机体结构所表现出来的非线性特征是由材料性质、变形状态以及边界接触条件所引起的,分别称为材料、几何和边界非线性。求解非线性有限元问题的算法研究主要有以下几种。

(1)利用 Newton-Raphson 方法或修正的 Newton-Raphson 方法等将非线性方程转化为一系列线性方程,进行迭代求解,结合适当的加速方法,并采用适当的增量步长,以提高迭代收敛的速度和精度。

(2)采用预测-校正法或广义中心法等对材料非线性本构方程进行积分,决定加载过程中材料的应力应变演化过程。

(3)采用广义弧长法等时间步长控制方法和临界点搜索、识别方法,对非线性载荷-位移的全路径进行追踪。

(4)采用拉格朗日(Lagrange)乘子法、罚函数法或直接引入法,将接触面条件引入泛函,求解接触和碰撞问题。

随着生产发展的需要,工程问题的规模越来越大,研究的对象也越来越细致,为了提高计算效率和计算精度,需要发展诸如多重非线性耦合分析方法、多场耦合分析方法以及计算机并行算法等技术,这些为有限元技术的进一步发展带来了新的问题和挑战。

前面提到过,分析飞行器的坠撞过程实际上就是分析机体结构与地面相互碰撞等一系列过程。飞行器坠撞从有限元角度来说,属于接触和碰撞问题。接触问题的特殊性在于结构在接触过程中一般伴随有3种非线性力学过程,即由大变形引起的材料非线性和几何非线性,以及与接触界面有关的接触非线性。接触界面非线性来源于以下两方面。

(1)接触界面的区域大小和相互位置以及接触状态不仅在事先是未知的,而且是随时间变化的,需要在计算过程中确定。

(2)接触条件具有非线性特征。接触条件包括①接触物体不可相互侵入;②接触力的法向分量只能是压力;③切向接触的摩擦条件。

由于这些接触条件具有单边性,是不等式约束,所以接触条件具有高度非线性的特点。

在计算出初始时刻的刚度矩阵和质量矩阵之后,结合接触条件就可以开始进行有限元求解了。

7.2　坠撞数值分析与试验的相关性评估

飞机结构适坠性分析中,主要采用数值分析的方法,但是数值分析方法(含建模技术及使用的分析软件)必须要由全机或框段(带内部设施)的撞击试验加以验证。本节的主要内容是通过坠撞应用的分析与试验相关性评估研究,利用试验结果确认有限元模型、验证结构抗坠撞分析与设计的计算方法和软件。

7.2.1　相关性评估方案

通过相关性分析评估,将分析结果与试验结果的误差和可能产生误差的原因进行分析,从而对分析模型和分析方法进行修正,直至分析结果与试验结果的误差满足研究要求。

分析结果与试验结果产生误差主要有下述原因。

(1)分析模型的简化,包括结构细节的简化、边界条件的简化、载荷的简化等。

(2)材料模型,材料失效模式和失效判据的简化。

(3)数值分析误差,如高频数值振荡和数值误差累积。

(4)试验误差,传感器失效、高频响应引起的振荡等,同时试验结果容易被噪声污染。

(5)仿真分析输出响应的频率与结构坠撞试验所使用的采样频率不一致。

坠撞试验测试结果与有限元计算结果的相关性分析大体可以分为定性分析和定量分析两大类。定性分析方法较为简单直观。例如,将仿真计算得到的飞机结构变形过程与飞机坠撞过程的高速摄影进行比较,如果计算结果在整体上,并且在某些关键部件上(如破坏失效部位、人体运动轨迹等)与高速摄影一致,那么可以认为计算结果与试验结果相关性很好。

定量分析相对而言较为困难,应选择哪些数据进行比较、如何进行比较是目前仍在研究的内容。从国外的研究经验来看,一般选择与测点对应的脉冲加速度曲线峰值、脉宽和峰值发生时刻这几个量作为比较量,除此之外,还应比较脉冲加速度曲线的整体形状。如果这几个量与试验结果吻合较好,则可以认为计算结果与试验结果的相关性较好。

虽然采用现有的仿真技术能够预测飞机结构中任意关键结构部位的动力响应,但由于试验测试和数据处理技术的限制,最好选择大质量块上的加速度响应用于相关性分析,这样计算得到的与测点相一致的节点位移和速度信号都比较光滑,而且容易直观地判断这两种信号是否与实际情况一致,因此也常用于与试验结果相比较。总的来说,如果计算结果与试验结果的相关性很好,则认为计算模型能够准确反映飞机结构在坠撞情况下的动力响应,可以用来评价飞机结构的抗坠撞性能。

在评价计算结果与试验结果的相关性时需要特别注意：

（1）检查试验采集到的原始加速度信号,应特别注意是否出现了电子信号干扰、超量程等反常现象。检查试验中是否发生数据线脱落现象。对所有加速度传感器进行动态标定,如果是垂直坠撞试验,应在试验前确定传感器在自由落体状态测得的加速度信号是否恒为$-1g$;在其他情况下,应仔细检查两个正交方向上的加速度信号。在坠撞试验结束后的$1\sim 2$ s时间内,加速度传感器的测量信号是否归零,如果有偏移量,则应修正试验数据。为了便于分析比较,加速度传感器采集信号的时刻最好与高速摄影时刻一致。

（2）对加速度信号进行积分得到速度信号。在一般情况下,结构存储的弹性势能都会或多或少地转化为结构的回弹动能,因此根据初速度和高速摄影拍摄的飞机结构运动状态可以判断计算得到的节点回弹速度是否合理。通过零时刻和回弹发生时刻确定脉冲持续时间,并根据脉冲持续时间确定滤波截止频率。

（3）试验前必须设置适当的低通滤波器。在典型的坠撞环境下,乘员几乎不受高频脉冲的影响,因此对采集到的加速度信号仍然必须进行滤波处理,采用的滤波截止频率按上述方法得出。

（4）对数值计算而言,有两种方法能够有效抑制高频振荡幅值。一是在节点上附加集中质量,另一种方法是取相邻两个节点的平均值。为了尽量减少混叠效应,应取尽可能小的计算输出时间步长。

在进行相关性分析时,应首先检查位移信号和速度信号是否合理。测点位移信号可以通过对加速度信号进行两次积分得到,相应的节点位移可以直接计算得出。将飞机结构的整体变形情况的高速摄影与计算得出的结构变形相比较。在进行加速度信号的相关性分析时,应确保试验采集到的加速度信号和计算得到的加速度信号都经过了相应的滤波处理。应特别注意,在进行试验数据采样之前就已经设置了一个低通滤波器,因此不必保证试验采集频率与计算结果采样频率相一致。计算得到的加速度峰值较试验偏高是合理的,这是因为计算模型没有考虑阻尼的影响,计算结果中包含了大量的高频成分。

7.2.2 试验与分析的相关性分析方法

相关性评估总体思路是先宏观再细节。宏观的参数包括模型与试验件的质量、质量分布及重心位置,其他的总体参数(模态参数,静载下的结构特征参数等,用于评估试验件的总体刚度和质量分布,同时作为评价有限元模型的重要参数)。细节参数包括结构的变形历程(试验中通过高速摄像设备采集)、关键位置的加速度响应曲线、关键连接件的载荷曲线、测力平台的载荷曲线等。

对于加速度响应或其他时域信号,通用的评估方法是对比其加速度时间响应历程,包括加速度峰值、峰值出现的时间以及基础脉冲的宽度等。但是如何从总体上评估结构坠撞模型,还没有统一的方法,Karen等提出用结构模态数据评估结构有限元模型的总体刚度和惯性分布,但由于结构的某些刚度特性(如连接刚度)与撞击速度相关,仅用稳态模态数据评估有限元模型可能数据不足。

针对该问题,从能量角度出发,以结构的撞击后反弹速度来评估结构的总体刚度和能量吸收特性。由于结构反弹速度取决于结构撞击过程中储存的弹性能(忽略试件与撞击平面的摩擦等耗散的能量),而结构储存的弹性能直接与结构的总体刚度有关,结构越软,撞击过程中结构变形吸收的能量越多,储存的弹性能越小,反弹速度必然越低。因此通过测量结构的撞击反弹速度,与仿真结果进行对比,可以评估结构的总体刚度和结构的总体能量吸收特性。对于模型惯性特征,由于目前结构有限元建模一般基于结构 CAD 模型,在建模完成后可直接对结构有限元模型的惯性特性进行评估。

综上所述,结构坠撞试验与分析的相关性评估方法为:

(1)有限元建模完成后评估模型的惯性特性(与 CAD 模型对比),试验准备完成后测量试验件的质量和中心,考虑附加的测试系统对结构惯性的影响,并修正分析模型。

(2)通过结构试验/分析撞击后反弹速度评估结构/有限元模型的总体刚度特性和能量吸收特性。根据评估结果修正结构部件连接刚度和局部刚度分布等;

(3)通过典型位置的加速度/动态应变响应和变形模式评估有限元细节建模方法和结构的适坠性,根据评估结果进一步修正分析模型,包括失效模式、局部建模细节等。

相关性评估方法流程如图 7-1 所示。

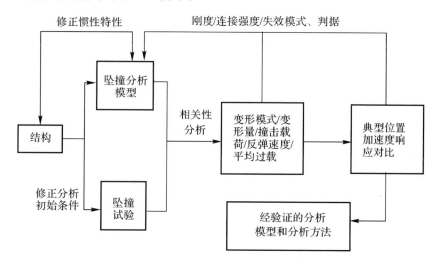

图 7-1　试验结果与分析结果的相关性分析流程

7.3　典型机身段和内部设施的坠撞分析

典型机身段为七框六跨结构,长约 3m,结构包含有机身蒙皮、长桁、机身框、客舱地板结构、客舱地板斜撑梁、货舱地板以及部分连接的角片与补偿片等。

为了消除机身段自由开口端效应,按照客舱地板刚度等效原则,在机身段两端面地板梁下面各附加了一根客舱地板加强梁。为方便试验件起吊,设计了 4 个吊耳。结构主承力结构材料为铝合金,吊耳为碳钢,客舱地板和货仓地板为木质夹芯材料,制造完成后的结构质量约为 450 kg。

安装的舱内设施包括 3 排座椅(每排包括三联座椅和两联座椅各一套)和两套行李架,均为取得适航合格证的成品件,没有安装装饰板、保温层等其他舱内设施。试件示意图如图 7-2 所示。

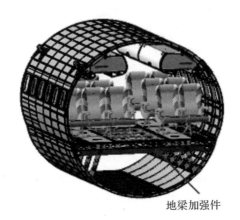

地梁加强件

图 7-2　机身段和舱内设施

7.3.1　典型机身段的有限元建模与验证

基于机身段结构、座椅主承力结构和行李架箱体的三维数模,对结构进行有限元建模,考虑到大多数零部件是薄壁件,因此主要采用板元进行离散化处理。为缩小模型规模,根据各部件的受力特点进行结构的离散化,客舱地板下部结构可能发生大变形或失效,需要较细密的网格,其单元尺度为 10mm;而客舱地板上部主要为弹性变形,网格尺度可以稍大一些,其单元尺度为 20 mm。

机身段结构建模完成后,有限元模型共有 220 543 个单元,189 883 个节点,有限元模型如图 7-3 所示。

为保证数值计算结果的可靠性,需要对有限元模型进行验证,模型验证流程如图 7-4 所示,以确保结构离散造成的误差在工程可接受的范围内,要求主结构质量误差不超过 2%,主结构模态频率误差不超过 5%。

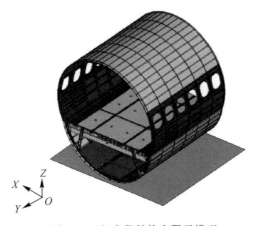

图 7-3　机身段结构有限元模型

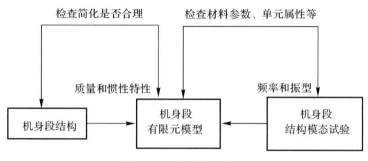

图 7 - 4　模型验证流程

组装完成的空机身段(不含座椅、行李架)质量为 410 kg,其有限元模型质量为 405 kg,质量误差为－1.2%,质量误差主要来源于结构简化和铆钉等连接件的重量,总体来说,机身段结构有限元模型较好地反映了真实结构的质量分布。

表 7 - 1　机身段结构模态分析与试验测试结果

阶数	计算模态/Hz	试验测试模态/Hz	((计算－试验)/试验)×100%
1 阶	10.90	10.87	0.28
2 阶	17.86	18.69	－4.44
3 阶	18.69	19.34	－3.16
4 阶	22.71	21.65	4.90

由表 7 - 1 可看出,计算得到的前 4 阶模态频率同测试结果的误差均小于 5%,说明建立的机身段结构有限元模型较好地反映了机身结构的总体结构刚度分布和质量分布,各种结构简化和假设较为合理,有限元模型较为准确。

7.3.2　典型机身段结构和内部设施的坠撞分析

在经验证的机身段结构坠撞有限元模型基础上,组装座椅模型和行李架模型。假人由集中质量代替,单个假人重 77 kg,质心位于假人 H 点。座椅的非承力部件的质量由非结构质量代替,乘员行李由配重代替,每个乘员的行李质量为 5 kg,均匀分布在行李箱平面上。机身段结构和内部设施坠撞分析模型建模完成后,模型共有 281 373 个单元,248 207 个节点,模型质量为 1 867 kg,通过调整座椅安装位置,尽量将航向重心调整到对称面上,有限元模型如图 8 - 5 所示。

客舱地板、货仓地板虽然可能发生破损,但由于采用夹芯材料,不具备大变形能力,因此将其等效为板元,选择 BLT 单元,这种单元具有较好的计算效率。

座椅主承力结构、行李架箱体、客舱地板上部蒙皮、地板梁、客舱地板加强梁、客舱地板上部机身框、地板、长桁等以弹性变形为主,选择 BLT 单元。

客舱地板下部结构的斜撑杆、货仓地板下部结构、机身框、蒙皮等区域在坠撞载荷作用下将发生大变形,可能的变形模式有结构的断裂、挤压和套叠,选择单元形式时,需要考虑单元具有大应变计算能力和翘曲计算能力,因此采用 Key - Hoff 单元。该单元允许翘曲的几何形状,在翘曲变形模式下具有物理刚度,但是该单元比 BLT 单元的计算量约大 1 倍。

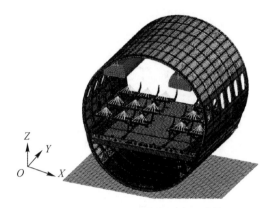

图 7-5　机身段坠撞分析动力学模型

客舱地板上部结构(包括座椅和行李架)在坠撞过程中以弹性变形为主,不考虑应变率的影响,金属材料采用双线性弹塑性本构模型,以等效塑性应变超过设定值作为材料失效准则,选择 LS-DYNA 中的 MAT-24 材料模型。

客舱地板下部结构以较快的速度变形,应变率效应可能对结构的总体破坏模型和变形模式产生影响。因此,客舱地板下部材料选择率相关本构模型,对应为 LS-DYNA 中的 MAT-98简化 Johson-Cook 本构模型(不考虑温度影响)。

客舱和货舱的复合材料地板采用等效弹塑性本构模型,选择 LS-DYNA 中的 MAT-24 双线性弹塑性本构模型,材料失效判据同样为等效塑性应变超过设定值,与以上材料一致,失效模型均没有考虑应力三轴度。

撞击面材料为硬杂木,分析中将其设为刚性面,选择 LS-DYNA 中的 MAT-RIGID 材料模型。模型中各种材料的基本物理和力学性能参数见表 7-2。

表 7-2　机身段结构和内部设施材料基本性能参数

	材料类型	$\rho/(kg \cdot m^{-3})$	E/GPa	σ_y/MPa	E_T/MPa	ε_y/(%)
蒙　皮	2524—T3571	2 796	71			
客舱上部长桁	2024—T3	2 770	71			
客舱下部长桁	7075—T62	2 796	71			
机身框	7075—T62	2 796	71			
座椅滑轨	7150—T77511	2 823	71	538	679	7
地板梁	7150—T77511	2 823	71	538	679	7
窗框	7050—T7451	2 768	71			
加强横梁	7150—T77511	2 823	71	538	679	7
客舱地板	蜂窝夹层	299	18	222		1
货仓地板	木质夹心玻璃纤维板	497	40	178		2
刚性撞击面	硬杂木		30			
座椅	铝合金	2 796	71	400	920	11

客舱地板上部区域以弹性变形为主,因此客舱地板上部连接采用刚性连接单元模拟。结构变形和破坏主要发生在客舱地板下部区域,因此客舱地板下部区域结构部件之间采用带失效模式连接单元,失效模式为拉-剪复合失效,失效模型和失效判据见第 3 章,根据不同的撞击速度给定不同的失效模型。

客舱地板下部结构设置为自接触,客舱地板下部结构与撞击面之间设置为主/从面接触。刚性面与结构的摩擦系数取铝-木材的摩擦系数,静摩擦系数取 0.3,动摩擦系数取 0.1。体积黏性与沙漏黏性控制参数选择计算软件的缺省值。为防止接触计算过程中过度的数值振荡,设置了比例阻尼,阻尼系数为临界模态阻尼的 40%。

计算总时间为 0.35 s,d3plot 文件的输出时间步长为 5.0×10^{-4} s,参考模态结果,结构的总体阻尼系数取 1%,最小时间步长为 6.7×10^{-7} s。

以联想 HPZ620 工作站为计算平台,计算软件为 LS-DYNA V971,后处理软件为 Ls-POST,单机四核求解,单次求解需 12 h。

7.3.3　坠撞试验状态的确定

民用飞机的正常着陆下沉速度多在 1m/s 以下,起落架系统设计的极限着陆速度为 3.05 m/s。由于适坠性研究的范畴为对飞机结构既严重、乘员又可生存的坠撞环境,因此对于垂直撞击,要求的撞击速度应远大于飞机的正常着陆下沉速度,且至少应比起落架系统设计的极限着陆下沉速度大。因此,本研究中选择了 5 个撞击速度,分别为 5 m/s,6 m/s,7 m/s,8 m/s,9 m/s,分别对应 5～9 倍的正常着陆速度,在垂直撞击的姿态下评估不同撞击速度对结构变形和典型响应的影响。

客舱的完整性和乘员的伤害程度是民机机身结构适坠性评估关注的重点,它们分别对应结构的总体变形、破坏情况和总体过载情况。以下将通过机身段重心处的垂向过载(垂向刚体过载,反应了结构的总体受力情况)、重心处的位移、机身段的破坏程度(撞击速度第一次降为 0 时,撞击动能全部转化为结构的内能)来评估不同撞击速度对机身段结构适坠性的影响。机身段结构和内部设施以不同速度撞击刚性地面后的破坏情况如图 7-6 所示,重心处的刚体过载如图 7-7 所示,重心处的刚体位移如图 7-8 所示。

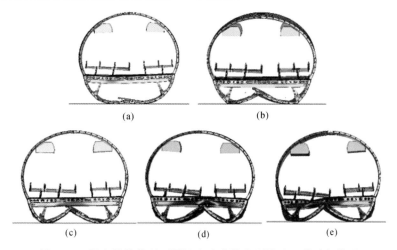

图 7-6　机身段结构以不同撞击速度撞击刚性地面的破坏情况

(a)5 m/s 撞击；　(b)6m/s 撞击；　(c)7 m/s 撞击；　(d)8 m/s 撞击；　(e)9 m/s 撞击

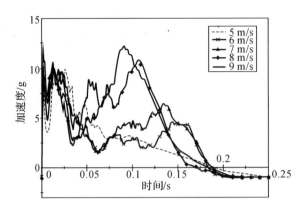

图 7 - 7　不同撞击速度结构重心处刚体过载

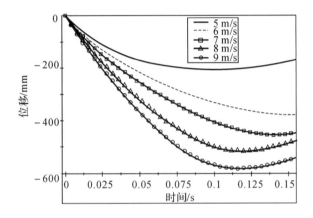

图 7 - 8　不同撞击速度结构重心处刚体位移

民机机身段结构适坠性评估是基于一种既严重、乘员又可生存的撞击环境,在垂直撞击的条件下,就是要获得一个严重的初始撞击速度,对于不同构型的民机结构,由于结构布置、结构选材的不同,该速度是不一致的,评估机身段撞击极限速度的总体原则为:

(1)对于总体变形和破坏,要求客舱结构基本完整,客舱地板不被穿透。

(2)座椅不塌陷,座椅的主承力结构保持完整的传力路径,防止结构过度变形将乘员困住,无法正常逃生。

(3)刚体加速度曲线尽量平缓,平均过载值小,曲线应尽可能只有一个主峰值,无量级与主峰值相当的次峰值。

对于本书研究的典型机身段结构,撑杆加强角片与机身框最下沿的垂向距离约为440 mm,如图 7 - 9 所示。为防止由于斜撑杆触地导致的严重撞击,最好是将结构的破坏和塑性变形限制在撑杆以下的机身框结构中,这就要求重心处的刚体垂向变形尽量不超过440 mm,如果变形过大,斜撑杆可能发生失稳或折断,造成客舱地板下部结构整体塌陷,将严重恶化客舱内的冲击环境。

机身段坠撞数值计算模型和计算方法必须通过全尺寸的机身段坠撞试验结果进行验证,如果结构发生了十分剧烈的破坏,结构中将产生严重的自接触现象,如机身框断裂后与客舱地板梁/客舱地板的碰撞、座椅塌陷与地板的碰撞等,将为计算带来极大的困难。同时,由于分析模型比实际结构略轻,并且还没有考虑坠撞试验中附加的各种测试设备的重量,仿真得到的破坏程度可能会弱于真实情况。因此综合不同撞击速度下结构的总体变形/响应特点,确定第 8 章中的机身段垂直坠撞试验的初始撞击速度为 7 m/s。在 7 m/s 撞击速度下,机身段结构客舱结构基本保持完整,客舱下部发生了明显的破坏和变形,撑杆即将触地,但由于触地时剩余能量不大,没有导致严重的撞击。

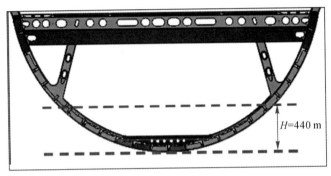

$H = 440 \text{ m}$

图 7 - 9 　机身框的理想变形量

参 考 文 献

[1] 刘小川,郭军,等.民机机身段结构和内部设施坠撞试验及适坠性评估.航空学报,2013,34(9),2130 - 2140.

[2] Edwin L Fasanella, Karen E. Jackson. Best Practices for Crash Modeling and Simulation. NASA/TM - 2002 - 211944 - ARL - TR - 2849, Langley Research Center, Hampton, Virginia.

[3] Bark L W, Lyle K H. Progress Toward Understanding Correlation of Crash Test with Crash Simulation. Proceedings of the Third International KRASH Users' Seminar, Tempe, AZ, 2001.

[4] Karen H Lyle, Lindley W Bark, Karen E Jackson. Evaluation of Test/Analysis Correlation Methods for Crash Applications. Proceedings of the 57th American Helicopter Society Annual Forum, Washington D. C. ,2001.

[5] Jackson K E, Fasanella E L. Crash Simulation of a Vertical Drop Test of a B737 Fuselage Section with Overhead Bins and Luggage. Proceedings of the Third Triennial Aircraft Fire and Cabin Safety Conference, Atlantic City, NJ,2001.

[6] Fasanella E L, Jackson K E. Crash Simulation of a Vertical Drop Test of a B737 Fuselage Section with an Auxiliary Fuel Tank. Proceedings of the Third Triennial Aircraft Fire and Cabin Safety Conference, Atlantic City, NJ,2001.

[7] Jackson Karen E, Fasanella E L. "Crash Simulation of Vertical Drop Tests of Two Boeing 737 Fuselage Sections," DOT/FAA/AR - 02/62, 2002.

［8］ Deletombe E，Delsart D，Fabis J，Langrand B，Ortiz R，Recent development in modeling and experimental fields with respect to crashworthiness and impact on aerospace structures，European Congress on Computational Methods in Applied Sciences and Engineering(ECCOMAS)，yväskylä，2004.

［9］　Alan Byar. A crashworthiness study of a Boeing 737 fuselage section，A Thesis Submitted to the Faculty of Drexel University for Doctor of Philosophy，2003.

第8章 典型机身段(含内部设施)坠撞试验

民机机身段结构的适坠性评估一般基于典型机身框段(含内部设施),其中内部设施可以是真实的装机件,也可以是模拟件。由于坠撞试验准备周期长、试验成本高且为不可重复的破坏性试验。因此,一般只能开展少量某种特定坠撞环境下的坠撞试验,这就需要制定科学详细的可行试验方案,以保证通过试验获得尽可能多的结构响应数据,试验结果可以用于评估这种典型坠撞环境下结构的适坠性,更重要的是要能用于验证坠撞建模和分析方法。

8.1 垂直坠撞试验方法与试验设备

坠撞试验一般使用自由落体方法,将试验件提升至预定高度后释放,试验件自由跌落撞击模拟地面,通过试验可获得机身结构和舱内设施在垂直坠撞载荷作用下的动态变形、能量吸收和客舱内动态响应情况,根据试验结果可对机身结构的能量吸收能力和对乘员的保护能力做出评估。

试验设备主要包括承力框架、提升机构、测量系统等。

8.1.1 坠撞试验方法

1. 试验方法

一般使用四点同步对称提升装置提升试验件,因此需要在试验件设计中预留起吊点,为避免投放后惯性释放导致的试验件姿态变化,起吊点须在试验件整体重心以上(安装舱内设施后的满载重心)。为避免起吊过程中结构变形,吊点需安装在结构刚度较大位置,如窗框与机身框交点位置。

试验件投放后,自由落体撞击模拟地面。

2. 试验件

由于动力学等效的缩比模型设计十分困难,建议使用全尺寸的试验件,试验件的具体设计要求由试验目的确定,如试验件包含的结构细节、试验件的几何尺寸、舱内设施的选装等。试验件一般使用前机身等直段,可根据试验需要考虑是否需要在试验件中包含舱门等结构。

受试验件开口端效应的影响(机身段在飞机机身结构中受前后机身的弹性约束),试验结果可能与真实状态有一定的差异,因此,试验件的长度一般以能安装下3排座椅为最低要求,该状态中间一排座椅的假人响应与真实情况相近,试验结果可用于适坠性评估工作,同时安装3排假人时试验件姿态较易控制。

对试验件的一般要求。

(1)如果试验目的是评估某种地板下部吸能结构,那么试验件设计时可对地板上部结构简化设计,如地板上部结构(机身框、纵向件等)可按惯量等效,试验件几何尺度上可考虑为2～3个框距。

(2)如果试验目的是评估机身结构在坠撞环境下对乘员的保护能力,那么整个机身结构都应按实际结构进行设计,舱内设施应使用装机件。

(3)如果同时需要评估舱门结构在坠撞环境下的锁紧和开启能力及对乘员逃生的影响以及结构对乘员的保护能力,那么在安装典型舱内设施的同时,试验件必须含有典型的舱门结构。

(4)如果需要评估其他装置对机身结构适坠性的影响,就需要在试验件设计中安装或设计相应的装置。

(5)试验件设计时应考虑起吊点的位置。

3.试验目的

试验目的一般包括以下四方面。

(1)获得结构在典型坠撞环境下的变形模式、能量吸收特性和结构响应,验证结构坠撞动力学分析方法和建模方法。

(2)获得模拟乘员在典型坠撞环境下的人体伤害指标,评估典型坠撞环境下结构对乘员的保护能力。

(3)获得典型舱内设施在典型坠撞环境下的响应特性,评估其适坠性。

(4)验证某种能量吸收设计方法的有效性。

4.一般要求

(1)试验件姿态。试验件撞击模拟地面的姿态对试验件的变形模式和结构响应有着显著的影响,如果为首次开展某种构型的坠撞试验,建议进行基准试验,即试验件以基本对称水平姿态撞击模拟地面,要求撞击姿态的偏差为±2°。这就对试验件的配平提出了较高的要求,试验件的重心与几何对称面的偏差应通过计算进行确定。

(2)试验测量要求。试验过程中主要关注试验件的变形模式和客舱内的加速度分布以及模拟乘员的响应,因此需要使用多台高速相机(至少需要6台,地面4个方向各1台,机载2台)对试验件的变形历程和舱内模拟乘员与其他舱内设施的受冲击情况进行记录。

为避免结构高频响应和结构局部振动对试验测量的影响,加速度传感器一般布置在结构刚度较好的区域,并推荐使用螺接,由于试验件上一般不允许打孔,因此可设计专门的安装基座进行安装,基座的集中质量还可以起到滤波器的作用。

模拟撞击面下最好安装载荷传感器以测量撞击载荷。

(3)试验假人的布置。为避免端部效应对试验测量结果的影响,试验假人建议安装在距前、后端面相对较远的座椅上。

(4)要求对坠撞试验的全过程进行录像。

5.试验控制参数

试验控制参数包括投放高度、投放姿态等。投放高度决定了试验件的初始撞击能量,也决定了试验件可能的破坏程度,因此根据投放高度的不同可将坠撞试验分为破坏性试验和非破坏性试验。

非破坏性试验的目的是控制投放高度,如20mm左右,使试验件在弹性范围内变形,通过测量得到的结构典型位置的结构响应修正计算模型。

破坏性试验的目的是通过评估结构在坠撞能量作用下的结构变形状况和能量吸收状况,综合评估结构对乘员的保护能力,一般来说,破坏性试验的投放高度一般在2.5m左右。

如果初始撞击能量过大,将导致测试的困难和变形模式过于复杂(坠撞过程中可能包含大量的自接触、结构失效、二次撞击等)造成的数值模拟困难,使得试验结果难以与分析结果进行相关性分析,从而难以验证分析模型和分析方法。

一般来说,投放高度取决于飞机型号本身的设计能力,在对新型号或地板下部结构改进设计后的型号进行适坠性验证试验时,应首先建立试验对象的全尺寸动力学有限元模型,以2.5 m作为基准投放高度,对结构在坠撞载荷作用下的能量吸收能力和变形情况进行初步评估,并根据分析结果对投放高度进行修正,最终给出可接受变形情况下的投放高度。

为简化试验控制,一般要求试验件初始撞击姿态为对称水平,这就要求在试验件设计之初考虑到重心的配平问题。

试验现场的风力和风向对试验件的姿态有较大的影响,一般要求风力稳定在 1.5 m/s 以下时才允许进行投放(准备投放前稳定 2 min 以上)。为避免过高的温度和湿度影响传感器和数据采集设备的正常工作,要求试验现场温度不高于 50℃,湿度不大于 70%。

6.试验程序

对于典型的坠撞试验,试验的一般程序为:

(1)试验件称重、配平,填写记录表格。

(2)测量本地风速、温度、湿度,填写记录表格。

(3)测试设备开机预热。

(4)启动拉升装置,缓慢地将试件提高到试验大纲要求的高度,通过标示杆保证试验件对准测力平台中心区域。

(5)检查试验件的空间位置和悬吊姿态,填写记录表格。

(6)检查各测试系统设备,进入采集准备状态。

(7)拆除保护装置,进入投放准备状态。

(8)指挥员再次检查各个部分是否就绪,然后下达投放指令。

(9)开启释放装置,试件垂直坠落至测力平台上。

(10)系统复位。

(11)保存数据,对坠撞后的试验件拍照,测量尺寸,并填写试验现场记事。

(12)清理现场,试验结束。

正式试验前,应使用假件对整个试验系统进行调试,以确保整个试验系统工作状态正常,假件调试试验程序与正式试验流程一致。

7.试验测量要求

对于典型的坠撞试验,测量项目一般包括:

(1)试验件撞击测力平台时的速度。

(2)试验件撞击测力平台时的姿态。

(3)试验件撞击测力平台时撞击力的时间历程。

(4)试验件典型部位的加速度、应变时间历程。

(5)假人有关部位的加速度、载荷及肢体运动形态。

(6)安全带载荷。

(7)坠撞过程中结构变形、破坏情况。

(8)结构整体结构长、宽、高尺寸的变化量。

8.数据测量方法

对于加速度信号的采集,要求采样率不低于 10 kHz,平台撞击力采样率不低于 600 Hz,安全带载荷传感器力信号采样率不低于 600 Hz。用于计算位移和速度的高速相机,其拍摄帧率不应低于 500 f/s,并在试验件显著位置设置标示,具体要求参照 SAE J211 标准。

所有试验中使用到的计量器具(传感器、数据采集系统等)均应经计量检定合格,并有校准/鉴定证书,且在有效期内。仿真假人在使用前应进行标定。

在试验件上布置传感器时,应保证所有的传感器固定良好,不能在试验件坠落过程中脱落,试验的引线应尽量避开可能地结构断裂失效位置,以防止导线断线,同时走线应尽可能的避免影响结构正常变形,同时尽可能的美观。

高速摄影机、数据采集设备应同步触发。

(1)试验件撞击测力平台时的速度。利用激光测速装置测量试验件的着地速度,也可利用图像分析方法分析高速摄像机得到的试验件撞击过程录像获得撞击速度。

(2)试验件撞击测力平台时撞击力的时间历程。撞击力由三向力传感器测量,输出到数据采集系统。

(3)试验件典型部位的加速度、应变时间历程。对于应变测量点,每个应变片采用 1/4 桥接法,通过应变仪输出到数据采集系统,采用统一的外触发方式同步采集。

利用加速度传感器测量试验件典型部位的加速度时间历程。

(4)假人有关部位的加速度、载荷及肢体运动形态。假人有关部位的加速度、载荷由假人体内内置的传感器输出到内置的数据采集系统,试验结束后下载到本地计算机处理。

假人的肢体运动形态由机载的高速摄像设备拍摄。

(5)安全带载荷时间历程。使用专用安全带载荷传感器测量安全带载荷。

(6)坠撞过程中结构变形、破坏情况。采用高速摄影设备拍摄试验件的变形、破坏情况。

(7)试验件整体结构长、宽、高尺寸的变化量。试验后,测量机身段两端框的长、宽、高尺寸,与试验前的数据比较得到变化量。

(8)测控系统最好配置 UPS 电源。

9. 测量数据处理方法

对试验采集到的数据应进行处理分析,即应变、位移、变形、载荷、速度、加速度等数据中是否有非正常信号(如漂移、突降、高频噪声与超载值等)。

(1)高速摄像数据处理方法:对高速摄像数据进行数字图像处理,分析得到试验件的撞击姿态和撞击速度。

(2)应变测量数据处理方法:

1)对每个应变测量点数据,绘制曲线;

2)对每个应变测量点数据,找出最大值及从零上升至最大值的时间。

(3)位移测量数据处理方法:

1)对每个位移测量点数据,绘制曲线;

2)对每个位移测量点数据,找出最大值及从零上升至最大值的时间。

(4)加速度测量数据位移测量数据处理方法:

1)对每个加速度测量点数据,绘制曲线;

2)对加速度信号进行积分,得到速度信号;

3)从速度时间历程曲线上大致估计出测点的平均加速度和基础脉宽,并由基础脉宽计算出加速度脉冲的基频;

4)在基频脉冲附近选择一组截止频率,并进行试算,得到几组与速度响应信号整体趋势相一致的截止频率;

5)消除零漂和相漂；

6)将经过滤波处理的数据进行积分,得到处理后的速度信号。比较该组速度信号与原始速度信号之间的吻合程度,原则上应选取速度信号不失真,并且与原始速度信号之间吻合程度最好的数据；

7)对每个加速度测量点数据,找出最大值及从上升至最大值的时间。

(5)假人响应数据的处理方法：

1)将假人头部三轴加速度合成,滤波频率为 CFC1000,并计算假人头部伤害因子 HIC；

2)安全带载荷滤波频率为 CFC60；

3)假人腰椎载荷、大腿骨载荷滤波频率为 CFC600。

10.试验步骤

机身段试件正式试验按以下步骤进行：

(1)测试设备开机预热。

(2)调整试验件自由悬吊的空中姿态位置,让试件坠落点对准测力平台。

(3)启动拉升装置,缓慢地将试件提高到预定高度,此过程中要有保护装置。

(4)检查试验件的空间位置和悬吊姿态。

(5)检查各测试系统设备,进入采集准备状态。

(6)拆除保护装置,进入投放准备状态。

(7)试验指挥发令,进入倒计时并开始数据采集。

(8)开启释放装置,试件垂直坠落至测力平台上。

(9)完成各项测试,包括坠毁后的各种拍照和尺寸测量。

(10)清理现场,正式试验结束。

8.1.2　坠撞试验设备

一般来说,坠撞试验设备主要包括试验提升/释放系统与测力平台、龙门架、标示杆、高速摄像机、假人、数据采集设备以及传感器等(见表 8-1)。图 8-1 所示为中国飞机强度研究所框段坠撞试验设备简图,图 8-2 所示为中国飞机强度研究所坠撞试验场照片。

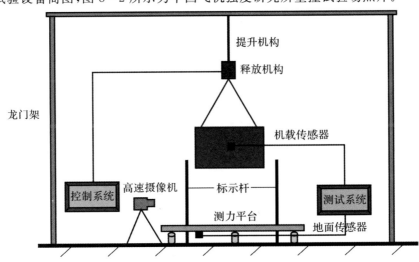

图 8-1　中国飞机强度研究所坠撞试验系统简图

图 8-2　中国飞机强度研究所框段坠撞试验系统

表 8-1　中国飞机强度研究所部分主要坠撞试验用设备

序　号	名　称	数　量	主要技术指标
1	试验件提升/释放系统	1 套	提升质量 40 t，最慢起降速度为 0.05 m/min，最大提升高度为 8 m
2	测力平台	1 套	结构尺寸为 4 m×6 m×0.3 m，总吨位 260 t，钢框架，木质台面
3	动态应变仪	1 套	精度 2%
4	数据采集系统	1 套	并行采集 256 通道，抗 100g 冲击，最大采样率 100 kHz
5	激光测速仪	2 套	测速范围＜150 m/s
6	加速度传感器	1 套	量程 750g
7	高速数码摄像机	4 台	满幅拍摄速率 800f/s
8	高速摄像机	2 台	满幅拍摄速率 5 400 f/s
9	仿真假人	10 套	航空假人（可选装传感器和假人）
10	仿真假人	5 套	航空假人（内置传感器及数据采集系统）
11	假人标定系统	1 套	含头部、胸部、腹部、膝盖等部位的标定子系统
12	安全带载荷传感器	5 只	量程 16 kN
13	飞机结构坠撞试验总控制系统	1 套	试验子系统工况检测与试验参数调整，实现数据采集和高速摄像设备的同步触发，试验记录数据和图像的同步回放，完成机身段试件触台速度的测量

8.2　水平冲击试验方法及试验设备

除了结构的动态变形,舱内设施的连接失效和假人的响应是坠撞试验中最为关注的。座椅约束系统作为保护乘员的最后一道屏障,其设计和验证要求也一直在发展,从早期的按照 CCAR 25.561 条进行静态设计和验证的 9g 静态座椅,发展到了目前的按 25.562 条进行动态设计和动态验证的 16g 动态座椅。在受控的垂直坠撞试验中,从国内、外的试验结果看,舱内设施,特别是座椅系统所经受的动态过载一般不如 25.562 条规定的动态试验环境严酷。

但是行李架系统在目前的适航条例中只需要按 25.561 条对其连接件进行静态验证,而该过载条件又往往弱于坠撞试验所获得的行李架所经受的过载,因此未来可能会对行李架系统进行动态试验验证。

8.2.1　试验条件

CCAR25.562 条"应急着陆动力要求"对试验条件有下述要求为:

乘员受到本条规定条件所产生的载荷。

凡批准在起飞和着陆时用于机组成员和乘客的每种座椅型号设计,必须按照下述每一应急着陆条件,成功地完成动力试验,或根据类似型号座椅的动力试验结果经合理分析给予证明。进行动力试验,必须用适航当局认可的拟人试验模型(假人)模拟乘员,其名义重量为 77 公斤(170 磅),坐在正常的向上位置。

向下垂直速率变化(ΔV)不得小于 10.7 米/秒(35 英尺/秒);飞机纵轴相对于水平面向下倾斜 30 度且机翼呈水平状态,在地板处产生的最大负加速度必须在撞击后 0.08 秒内出现,并且至少达到 14.0g。

向前纵向速率变化(ΔV)不得小于 13.4 米/秒(44 英尺/秒),飞机纵轴水平且向右或向左偏摆 10 度。取最有可能使上部躯干约束系统(在安装的情况下)脱离乘员肩部的方向,同时机翼呈水平状态。在地板处产生的最大负加速度必须在撞击后 0.09 秒内出现,并且必须至少达到 16.0g。若使用地板导轨或地板接头将座椅连接到试验装置上,则导轨或接头相对于相邻的导轨或接头必须在垂直方向至少偏移 10 度(即不平行)并且滚转 10 度。

根据该试验条件要求,座椅系统至少需要两个动态试验加以评定。

试验科目 1:单排座椅测试,主要冲击分量沿脊椎方向,但与纵向冲击联合作用,试验主要用于评估在垂向/纵向载荷联合作用下座椅结构的合理性、临界腰椎/大腿压缩力以及结构永久变形。试验同时会得到假人头部位移、速度和加速度时间历程。

试验科目 2:单排座椅测试,主要冲击分量沿飞机纵向,但与垂向冲击联合作用,试验主要用于评估座椅结构的合理性和结构永久变形。同时评估腹部安全带的性能和载荷,如果适用,还包括肩部安全带的性能和载荷。试验同时会得到假人头部位移、速度和加速度时间历程以及作用在座椅导轨和连接件上的座椅腿载荷。

在向单座和多座座椅施加载荷前,需通过试验夹具的变形来模拟座椅和客舱地板连接结构的变形,目的是证明即使飞机和/或座椅在冲击载荷作用下发生变形,座椅/约束系统作保持与机身结构的连接且工作正常。

8.2.2　试验设备

目前有多种满足座椅系统动态试验要求的试验设施。根据其产生冲击脉冲的方法,试验设备分为加速度台、减速度台以及冲击/回弹试验台,或是根据试验设施是水平设计还是垂直设计而分为滑台和落震台。每种试验设备都有其优点和缺点,对试验设施主要关注的是试验过程中其加速和减速的快速转换的能力。在飞机坠撞过程中,加速过程总是渐进的,可以和减速过程在时域内明显区分开。在试验中,减速度总是紧随着加速度,在为实施要求的特定试验而分析试验设施的效能时,必须要了解加速度和减速度快速转换带来的可能后果。

1. 减速度滑台

在飞机坠撞事故中,冲击过程是一个减速的过程,所以这类试验设施产生的减速度载荷更贴近实际情况,并且设计一个按可控模式吸收能量的系统总是比设计一个发射能量的系统简单,因此减速度台的种类更多。

在试验过程中,减速度台必须先加速达到一个足够的速度,以便能产生冲击波形,如果加速度太大导致试验件和假人偏离了预定试验状态,该加速过程有可能污染试验结果,这种不能控制初始状态的缺陷可能直接影响试验结果。为避免影响试验结果,可以通过延长加速时间降低加速度的办法,使得加速过程更为平缓,这样可消除试验件和假人的动态响应振荡。

为消除加速过程中数据采集的误差,必须对采集得到的时域数据进行分析,确保试验脉冲开始瞬间以前的所有传感器调零。同时,利用高速摄像机判别假人在试验开始瞬间姿态是否正确。

减速度滑台对后向和侧向座椅进行试验科目1时,会存在一些问题。对此情况,在惯性载荷的作用下,假人可能从座椅上滑落,必须使用可断安全带、安全绳等对假人进行约束。由于每种约束方法都会带来各自的问题,因此目前没有统一的方法,但原则是确保假人相对于座椅靠背的姿态以及假人胳膊、大腿的姿态合适。需要注意的是,应避免这些约束装置影响座椅和约束系统的正常功能,必须为约束装置提供特制的安装措施,并通过试验过程中拍摄得到的数字影像判定试验过程中可断约束确实断开或松弛,且没有对假人的运动或试验件的变形等造成影响。

2. 加速度滑台

加速度滑台一般基于液压控制下的气体推进,试验一开始,就产生一个受控的加速度冲击脉冲。试验件和假人的安装方向与推进方向相反,以便产生与实际冲击方向相同的惯性载荷。由于滑台在冲击开始前没有移动,因此不会产生假人和试验件姿态变化的问题。

冲击脉冲结束时候,滑台达到最大速度,系统此时必须安全停止,大多数此类设施都有一条足够减速的有限长轨道,因此,减速度相对加速度来说一般会比较大,并在加速度脉冲结束后马上出现。

在试验过程中,试验系统的动态响应是连续的,所以减速度必将会对结构响应产生影响并改变试验结果,改变的幅度取决于试验系统的动态特性,所以无法给出特定的修正因子。如果滑台的减速度足够小,则可消除该效应,一般要求该减速度不超过 $2g$。

如果座椅或约束系统在试验过程中发生了结构失效,则后续的减速度可能会加剧损伤或导致无关部件的失效,这将会使初始失效模式的确定和产品的改进设计更加困难。

可通过摄像机或一组滑轨侧面照相机去再现整个试验过程,一般随台摄像机与试验件离得很近并使用广角镜头,在分析影像时应考虑结构的扭曲和大变形。

8.2.3　试验方法

现在以中国飞机强度研究所的加速度滑台为基础介绍机身段结构和座椅系统等舱内设施的水平冲击试验方法,如图 8-3 所示。该试验台最大承载能力为 3 t(不带扩展台面),最大可模拟的加速度过载为 100g,最大的速度改变量为 25 m/s,配套有齐备的抗冲击数据采集、高速摄像机和各种类型的传感器。

图 8-3　中国飞机强度研究所的加速度台车

1.机身段的水平冲击试验方法

机身段的水平冲击试验一般用于考核燃油箱和行李架连接件在给定的减速度下的动态响应情况,机身段主要用于模拟弹性边界,使用试验科目 2 的减速度载荷,机身段一般通过专用试验夹具以较大的刚度固定在试验台台面上,如图 8-4 所示。

图 8-4　机身段水平冲击试验中的典型安装状态

2.座椅系统的水平冲击试验方法

(1)假人的使用。假人使用前应进行标定试验,由于过低或过高的温度或湿度会对假人的

性能产生影响,试验前需要保证假人处于温度 19～26℃,湿度 10％～70％的环境中 4 h 以上。安装过程如下:

1)仿真假人需要穿棉质的短袖、短裤和尺码为 11E(45 码)的鞋子(重量大约为 2.5lb)。衣服的颜色要与安全带颜色有所差异。

2)在假人的头部可能碰到夹具或其他座椅靠背的试验中,假人的头部和脸部需要涂抹适当的材料(纸胶带及不同颜色的油性颜料)用以确定标记头部撞击区 3 域。这种材料不能够减小头部损伤值(HIC)。

3)调整假人肢体关节的摩擦,使水平伸展状态下的假人肢体可恰好保持平衡。

4)假人需要被安放在座椅的中心,尽量使其左右对称,假人的坐姿尽量统一,以保证试验结果可重复性。

5)假人的背部需紧贴座椅靠背。将假人放入座椅的时候,将其腿部抬起,然后将假人向后推向靠背,使其尽量贴近靠背,当所有的起重设施脱离的时候,假人应尽量保持不动。

6)假人的膝部需要分开 4 英寸。

7)假人的双手放置在大腿上,稍稍靠后于膝盖。如果机组座椅试验时要求模拟驾驶动作,则假人应轻轻地绑到驾驶盘/杆上。假人的手臂不应放在扶手上,使其在试验过程中不会与扶手发生挤压,或对大腿载荷的测试造成影响。

8)脚的放置方式取决于座椅的类型(乘员座椅放置在地板上,机组座椅放置在脚蹬或 45°的踏板上),除非对假人脚的放置有特殊要求(如模拟驾驶状态),那么双脚放置的位置应能够保证两小腿的中心线基本平行。

9)在水平冲击前,可能需要使用辅助安全带以确保每个假人的合适姿态,但辅助安全带不准影响试验的结果。

(2)座椅调节。除特定要求,如果座椅调节器对伤害指数有影响,那么所有座椅的调节与控制装置应调节至适应 50％分位男性假人。如果试验用的座椅约束系统是为了满足某种特殊的需要,从而规定了起飞着陆状态下座椅的姿态,那么试验中应模拟该姿态。

(3)试验设备安装。安装传感器时,应避免传感器的变形对试验数据的影响。导线的布置应避免与假人和试验件的缠绕,同时还应保留足够的松弛段以容许假人和试验件的运动,从而保证其与传感器的连接。

如果使用了上躯干约束带,那么其拉伸载荷应在假人肩部与结构(安装点或导向轮)间的那部分安全带上测量。安全带不应为了测试载荷而截断以装入一个载荷传感器,那样会影响整个约束系统的特性,一般采用在安全带上安装载荷传感器的办法。为减少与夹具、座椅装饰物或假人的接触,传感器应安装在安全带的自由部分。

载荷传感器应使用一段与真实约束系统安全带一致的安全带进行标定试验,如果载荷传感器的安装导致安全带的松弛,那么载荷传感器在试验过程中可用细线或带子略微加以固定。

如果载荷传感器对其自重或安装夹具产生的惯性力和试验件对其施加的载荷非常敏感,并且由此导致的误差十分显著,那么应对试验数据进行处理,用于对比处理的数据应来源于额外的动态测试,该试验中重复了传感器的安装但并不包括试验件。

(4)约束系统调节器。约束系统的调节力不应大于其可能使用的水平,并且其紧急锁紧装置(惯性轮)在冲击前不应被锁紧。自动闭锁卷收器的安全带回收和自动锁紧功能必须在没有借助外力的情况下工作。由于紧急闭锁卷收器对加速度十分敏感,必须保证其不会因为预试验时施加在试验设施的加速度而在正式冲击前锁定。如果使用了舒适度调节器,应按说明书调节到适应约束系统使用者的体型。

1)如果约束系统需要使用手动调节器,必须消除松弛,并且约束系统应贴紧假人但不应过分的紧。对于试验科目 2,可用两根手指在安全带和假人骨盆间是否可以滑动进行检查,约束系统的检查和调节应在施加地板变形前一步进行。

2)如果系统还需进行地板水平状态以外的试验,约束系统应调节以适应座椅的"水平地板"姿态并安装安全带载荷传感器(如果需要)。应等待足够长的时间以使坐垫达到平衡位置,同时需要在安全带上指示正确的调节点,座椅和假人应按试验要求定位安装在试验夹具上,然后对约束系统再次进行调节。

3)腹部安全带收紧力应能容许在安全带和假人之间插入两根手指,但是不能因此产生附加的坐垫变形。

(5)地板的要求。试验科目 2 需要安装地板,但是地板不能影响座椅的性能或限制假人足部的运动,特别是地板上施加了强制变形的情况。由于具有足够的强度,试验中的地板可用于收集头部撞击路径。

(6)数据采集要求。数据包括图表、列表和表格,用于支撑数据结果的图像资料,应记录以下数据:

1)冲击波形;

2)假人头部与舱内设施撞击产生的 HIC 值,或如果头部撞击非常可能发生但在试验中又无法通过该试验评估时候测量头部撞击路径以及速度;

3)总的速度改变量;

4)上躯干约束系统载荷(如果有);

5)骨盆压缩载荷;

6)上躯干安全带是否保持;

7)腹部安全带是否保持;

8)大腿骨载荷(如果有);

9)座椅连接(包括结构破坏);

10)座椅变形;

11)座椅连接件反力时间历程(如果使用了载荷传感器);

12)质量项目是否保持连接;

13)座椅处逃生舱门评估。

(7)数据分析。试验人员应对所有动态试验中采集到的数据进行误差分析,包括零漂、振荡等测试设备的电学问题都应在试验前消除。可通过观察数据的时域曲线连续性发现试验过程是否有数据丢失,这一般是数据采集系统的超量程造成的。如果测量通道的超量程发生在峰值出现之前,则应更新参数设置并重复该次试验,如果每个通道都在峰值出现之后发生超量程,则应仔细评估数据的有效性,并且采集得到的最大值仍是有效的。但由于 HIC 并不反映数据的最大值,而是基于特定时间段的积分参数,如果加速度数据的误差出现在假人头部与舱内设施发生碰撞期间,那么这些加速度数据不能用于计算 HIC。

1)头部伤害因子。用于计算 HIC 的加速度数据由安装在假人头部的 3 个主轴方向正交的加速度传感器采集,具体可见假人说明书。加速度的采集通道按 CC1000 设置,只有与舱内设施发生碰撞期间采集到的数据才需要考虑,这在加速度时域信号中表现为幅值的突变。冲击试验过程中的图像数据和加速度数据可基于同一时间轴进行相关性分析。简单的接触开关装置(不能显著的改变接触面轮廓)也可用于确定初始接触时间。如果发生了接触碰撞,HIC不允许超过1 000。

2)上躯干约束系统载荷。上躯干约束系统载荷由安全带载荷传感器直接测量。如果在试验夹具上安装了三轴向力传感器来测试该载荷,则应求其合力的幅值和方向。如果传感器测力部件质量和传感器安装夹具质量比较大或数据处于符合性判据的临界点,需要对这部分质量产生的附加惯性力进行修正。对于实测峰值大于要求峰值的情况,约束载荷可按一定的系数进行修正,该系数等于标准要求的峰值除以实际冲击峰值得到的值,但修正量最大不超过10%。例如,在16.9g冲击载荷作用下,约束系统载荷为8 007 N,那么在16g载荷下,约束系统载荷应为7 580 N。

3)腰椎压缩载荷。假人腰椎压缩载荷由载荷传感器直接测量,由于大部分的载荷传感器都是双向的,因此使用过程中必须注意传感器的方向。与约束系统载荷测量一样,对于实测峰值大于要求峰值的情况,腰椎压缩载荷可按一定的系数进行修正,该系数等于标准要求的峰值除以实际冲击峰值得到的值,但修正量最大不超过10%。例如,在15g垂向冲击载荷作用下,假人腰椎压缩载荷为7 373 N,那么在14g载荷下,约束系统载荷应为6 601 N。

4)上躯干约束带的保持力。上躯干约束带是否保持在假人肩部可通过图像记录设备进行验证,安全带必须在假人承受冲击后反弹以及卸载后保持在假人肩部,安全带不准挤压颈部和头侧部,并且在冲击过程中不能滑到肩关节(上臂)后部。

5)腹部约束带的保持力。腹部约束带是否保持在假人腹部可通过图像记录设备进行验证,在冲击过程中以及冲击后,腹部安全带必须保持在假人骨盆处,并在假人腹部突出部分束紧,安全带滑到股沟处是可以接受的。

腹部安全带在假人腹部的运动可通过图像设备监控,该摄像机应对准腹部安全带进行近景拍摄。安全带的运动有时还可通过约束载荷的特征进行分析,当安全带在假人腹部滑动时候,约束载荷会突降或平台化,当安全带陷入腹部后,载荷又会逐步的增加。

6)大腿骨载荷。如果假人大腿碰击座椅或其他结构,就会产生大腿骨载荷,如果有可靠的分析方法,就不必要同时测量两条大腿的载荷。如果座椅安装间隔较大(座椅SRP到撞击对象的距离超过40inches),也不必测量大腿载荷。

(8)试验符合性判据。动态冲击试验必须满足:

1)座椅系统的所有连接点必须与试验夹具保持连接,乘员约束系统与所有连接点必须保持连接,承力结构保持完整。

①为证明结构与CCAR 25.562的符合性,承力结构的损伤包括弯曲、拉伸变形、压缩断裂、屈曲。允许结构的开裂、铆钉的剪切拉脱失效以及复合材料轻微分层,但在乘员与座椅连接点之间仍应保持连续的传力路线。

②座椅安全带的损伤,例如纤维织物的刮伤、磨损、破损都是可接受的,但是安全带不能被结构或安全带调节装置切断或撕裂。虽然不需要重复试验,但应研究导致安全带切断或撕裂的原因,并制定相应的纠正措施。

2)如果假人与舱内设施在试验过程中发生了撞击,HIC不能超过1 000。

3)如果使用了上躯干约束带,那么单系带的拉伸载荷不超过7 784 N,双系带总的拉伸载荷不超过 8 896 N。

4)腰椎压缩载荷不应超过 7 784 N。

5)如果使用了上躯干约束带,那么在冲击过程中安全带应保持在假人肩部。

6)腹部安全带在冲击过程中应保持在假人骨盆处。

7)如果假人下肢与座椅或其他结构发生了碰撞,那么大腿的轴向压缩载荷不能超过 2 250 lb(10.0 kN)。

8)座椅的永久变形不能超出要求,并且不能对乘员脱离约束系统、站立、离开座椅等行为造成大的影响,且在任何情况下都不能夹住乘员。

9)所有的可折叠附件必须保持收起状态,除非能证明这些附件不阻碍逃生或导致乘员的严重伤害。

8.3　结构坠撞试验任务书编写

坠撞试验任务书的写法虽然各不相同,但至少应包括下述几方面内容。

8.3.1　试验件

这方面的内容主要应该把试验对象(试验件)描述清楚,是整架飞机还是某个部件(如机身段结构等),应分 3 个小节表述,即试验件名称、试验件图号、试验件简介,应该用简洁的文字说明试件的大小和构造情况、结构特点、安装的设备以及与试验有关的成附件。在正文内容下方应有一个完整的三维立体试件图样,该图要求能充分显示试件的全貌,使人一目了然。

8.3.2　试验目的

本条应该阐明试验的主要目的和考核内容,一般来说,结构件的坠撞试验主要是验证该结构在既定条件下的抗坠撞性能,验证该结构在抗坠撞吸能方面的设计技术,验证该结构坠撞分析模型、分析方法和计算软件。

8.3.3　试验依据

本条所写的内容是要说明清楚所做的坠撞试验项目出自何处,是哪个课题研究或什么型号研制中提出的。在试验任务书中,提出的飞机姿态、坠撞条件和坠撞环境等是根据什么标准或什么文件确定的,只需把相关的文件、报告、标准列出即可,可不作详细的说明。

8.3.4　试验状态

试验状态必须以简明的文字说明本次飞机(或部件)坠撞试验的状态,包括飞机相对于地面的俯仰角、滚转角、偏航角确定,撞击面的类型,撞击速度等。

例如:"民机机身段试件垂直坠落撞击试验"的试验状态确定为对称垂直撞击,这要求机身段初始状态下相对于地面的俯仰角、滚转角、偏航角均为零,撞击面为一个近似的刚性平面。

8.3.5 试验内容

本部分明确规定试验项目,以及每个试验项目的试验件状态。

8.3.6 试验要求

每个项目的具体试验要求,应包括试验件姿态、试验测量、试验假人的布置、图像记录的要求等。

8.4 试验报告编写

试验报告的内容通常包括:

(1)试验名称、时间、地点、目的和依据。

(2)试验件及其支持方式。

(3)试验考核部位。

(4)试验加载、测量设备。

(5)试验过程及程序。

(6)试验中出现的试验现象。

(7)试验测量项目。

(8)试验检查结果。

(9)测量设备的标定情况,试验的测量方法。

(10)测量数据及数据处理方法及处理结果。

(11)给出应变及位移随时间变化曲线。

(12)试验现场处理的质疑单、技术单(以电子版形式作为报告附件提供);

(12)试验结论。

此外,试验承担方应同时提供重要原始记录以及照片、高速摄影录制的坠撞试验过程的完整录像(光盘)。

8.5 民机典型机身段和内部设施垂直坠撞试验

8.5.1 试验概况

试验对象为民机典型机身段结构(含内部设施),如图8-5所示。该机身段长约2.93 m,由7个框、6个跨段组成。内部设施包括座椅(2联三套,3联三套)、行李箱(两套)、仿真假人(15套,其中5套内置传感器)。

试验根据自由落体原理,采用四点起吊、单点投放的方法,试验件的初始状态为对称水平。试验件由起吊装置提升至给定高度,使其对准测力平台中心区。在确认试件高度和姿态满足试验要求后,试件由快速释放锁释放,自由跌落撞击测力平台。快速释放锁释放的瞬间,试验总控系统同步触发各测试子系统和高速摄像机设备,并在试验件完全静止后结束数据采集。试验后,记录结构变形及破坏情况。

试验中测试的数据包括结构撞击测力平台瞬间的空间姿态,结构实际撞击平台速度,客舱内特征位置的加速度响应、假人响应、安全带载荷、行李架上典型位置的加速度响应等。加速度传感器均为单向,测试坐标系中,以重力加速度方向为加速度正向,共计安装了 48 只加速度传感器。客舱地板平面的加速度测点在地板梁和座椅导轨的交叉点位置,假人在客舱内的布置如图 9-6 所示,a~e 对应地板梁的编号,依次对应的框号为 SD446,SD465,SD484,SD503,SD522。1# 和 2# 导轨上安装的是两联座椅,3# 和 4# 导轨上安装的是三联座椅,安装传感器的假人位于中间一排座椅上,逆横向依次为 I#~IV# 假人。

图 8-5　投放前的试验件

预计的撞击速度为 7 m/s,不考虑投放锁机构响应和空气浮力等因素对撞击速度的影响,理论提升高度为 2.5 m。

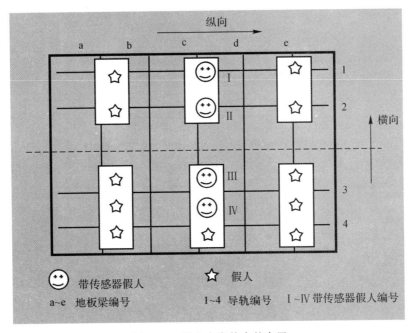

图 8-6　假人在客舱内的布置

结构撞击测力平台过程中的空间姿态以及撞击速度通过地面架设的高速相机图像分析获得;假人的运动姿态和舱内设施撞击过程中的变形状况由随机身段下落的抗冲击高速相机进行记录;货舱地板和模拟客舱地板处的加速度信号由加速度传感器采集,通过抗冲击数据采集系统记录;动态应变由应变片采集,通过动态应变仪信号调理后由动态数据记录系统采集,测试系统由投放信号同步触发。

8.5.2 试验结果

实测撞击速度为 6.85m/s,图像分析得到的试验件撞击姿态为向前俯仰 1.56°、向三联座椅侧滚转 0.029°,滚转角较大的原因是客舱内一侧为三联座椅,一侧为二联座椅,安装假人后试验件重心偏向三联座椅侧。

在撞击载荷作用下,客舱保持完整,乘员生存空间基本没有损失,客舱地板下部结构发生大变形,机身框部分材料发生塑性变形,客舱撑杆局部失稳,货仓地板梁折断,货仓地板连接件拉脱,行李架水平连接件拉脱,行李舱门撞击过程中没有打开,行李箱内的模拟行李没有脱落,假人没有与结构发生碰撞,假人安全带的约束保持,座椅没有发生塑性变形,与导轨的连接保持,部分试验照片如图 8-7 及图 8-8 所示,试验后检查结果见表 8-1。

图 8-7 机身框变形情况

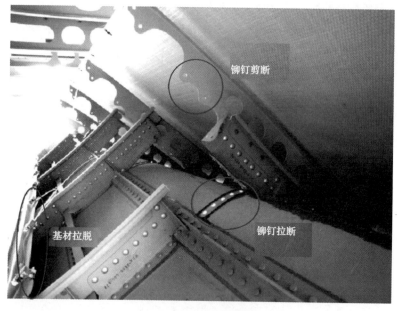

图 8-8 连接件破坏情况

表 8 - 1　试验后检查结果

序号	结　　果
1	(1)机身段客舱地板下部发生永久变形,机身框有挤压、断裂等破坏现象发生,如图 8-7 所示; (2)客舱地板没有发生破坏; (3)货舱与结构连接失效,失效模式为连接母材的连接区拉脱; (4)地板下部撑杆发生扭转变形和屈曲,与客舱地板梁和下部机身框的连接保持完好,没有失效,也没有刺穿客舱地板; (5)大量的机械连接失效,主要集中在货仓地板梁与机身框的连接处,失效模式有铆钉剪切失效、铆钉拉脱失效和复合失效,如图 8-8 所示; (6)下部蒙皮发生褶皱和挤压,出现较大的变形
2	座椅与地板连接保持良好,没有拉脱和松动现象发生
3	(1)行李架与机身框前、后水平连接件均失效,失效模式为拉脱; (2)中部的水平连接和上部的连接均保持完好,行李架在坠撞过程中与机身框始终保持连接,没有整体跌落; (3)行李架闭锁机构完好,坠撞过程中没有模拟行李脱落行李架与机身框连接件的破坏情况
4	客舱完整性得到保持,坠撞过程中没有塑性变形和结构破坏发生
5	(1)座椅主结构保持完好,各部件之间的连接保持完好; (2)座椅没有发生永久变形,对成员的应急撤离没有影响; (3)座椅附件与主结构之间的连接始终保持
6	(1)撞击后约束带保持在成员骨盆处,撞击过程中始终对假人保持有效约束; (2)假人头部没有与舱内设施发生碰撞,最大 HIC 值为 32.9; (3)假人腰椎处测得的最大压缩力为 3 960 N

8.5.3　试验数据分析

剔除异常的加速度响应数据后,消除加速度响应的零漂,将客舱地板上的加速度响应取平均,积分得到结构平均撞击速度曲线,如图 8-9 所示,从图 8-9 可知,结构达到速度最大点到反弹速度最大点的时间为 0.16 s,因此结构冲击基频为 6.25 Hz,取滤波截止频率为 45 Hz,滤波前、后速度曲线没有明显变化,滤波频率选取合理。

滤波后的 C4(地板梁与 4$^\sharp$ 座椅导轨交叉点,位于两联座椅侧)和 C1(地板梁与 1$^\sharp$ 座椅导轨交叉点,位于三联座椅侧)两点的加速度响应曲线如图 8-10 所示,C1 加速度曲线有三个减速度峰值(加速度传感器正方向与重力同向),C4 加速度曲线有两个主要的脉冲峰值。结合高速相机获得的动态撞击图像可知,第一个峰值产生机理是货仓地板梁在撞击载荷作用下断裂,首先是梁与框连接的铆钉剪断,然后是框的折断,由此导致结构传力特性改变;第二个峰值产生的机理是机身框大变形,材料堆积,形成塑性铰;第三个峰值产生的机理是客舱斜撑杆与机身框相连的角片与撞击平台接触,造成撞击载荷直接传递到客舱地板。而两联座椅侧的斜撑杆没有与撞击平台接触,因此,两联座椅侧的加速信号仅含两个主要的脉冲峰值。

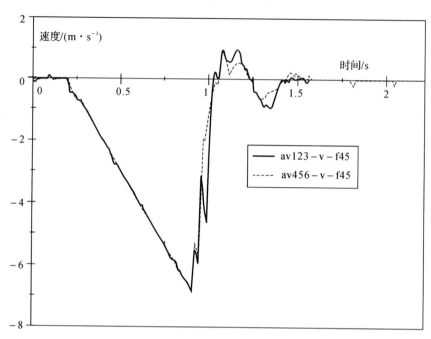

图 8 - 9 滤波前、后的客舱地板平均撞击速度曲线

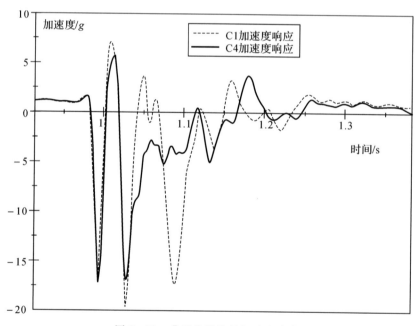

图 8 - 10 典型位置处的加速度响应

在垂直撞击过程中,假人响应最显著的是腰椎载荷,其最大值为 3 960 N。假人 I 的腰椎压缩载荷曲线(Z 向)如图 8 - 11 所示。由图可见,腰椎压缩载荷有 3 个明显峰值,与加速响应曲线特征相似。

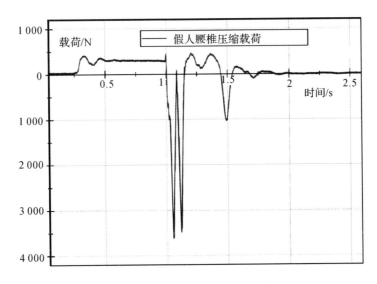

图 8 - 11　1# 假人腰椎压缩载荷

整理后的假人生理响应数据见表 8 - 2。

表 8 - 2　假人响应

假人编号	安全带载荷/N	腰椎压缩载荷/N	HIC	腿骨压缩载荷/N
I	73.4	3 610.0	6.5	305.0
II	74.5	3 550.0	32.9	162.0
III		3 960.0	15.3	141.4
IV	37.7	3 610.0	16.7	452.3

8.5.4　结构的能量吸收分析

从整体能量吸收的过程看,能量吸收主要来源于两个方面:一方面主要是框段的各部件、框段与撞击平台,假人与座椅、坐垫、靠垫之间的摩擦;另一方面主要是结构变形、结构破坏。第一方面难以预计和进行设计,因此提高机身结构适坠性的主要手段是在保证客舱完整性的基础上提高客舱地板下部结构的能量吸收能力,让尽可能多的材料参与变形,降低传递到客舱的过载。坠撞试验过程中试验件的能量吸收方式有以下几种。

(1)材料的塑性变形,主要区域为客舱下部的蒙皮、机身框,表现为材料的挤压、压缩、大变形。

(2)结构的失效,主要区域为客舱下部的机身框,主要表现为框的断裂。

(3)连接的失效,主要表现为货仓地板与长桁连接的拉脱,以及货仓地板梁与机身框连接铆钉的剪切失效,货仓地板下部蒙皮与机身框铆钉连接的拉断失效,行李架前、后水平连接件的拉脱失效。

(4)其他吸能方式,如试验件与撞击平台的摩擦、假人与座椅垫的摩擦、试验件部件之间的摩擦以及弹性能释放过程中的结构阻尼等。

能量吸收的主要过程为：

(1)机身段撞击测力平台,在坠撞载荷作用下货仓地板下部结构被压缩。

(2)随着载荷的增大,货仓地板梁与下部机身框的连接失效,紧接着机身框发生断裂。

(3)行李架水平连接件的断裂。

(4)断裂后机身框向内滑动,斜撑杆与机身框连接点下部机身框的塑性变形,蒙皮变形。

(5)斜撑杆触地,斜撑杆直接受到压缩载荷作用,与机身框的连接区压缩变形。

(6)斜撑杆与机身框连接点以上的机身框塑性变形,主要能量吸收过程结束。

(7)弹性能释放,试验件与测力平台二次撞击(试验件没有整体离开台面)。

(8)弹性能耗散完毕,试验件静止,试验结束。

8.5.5 试验结果与数值计算结果的相关性分析

根据典型机身段坠撞试验状态,修正机身段与内部设施坠撞分析模型,包括根据试验件的最终构型在分析模型中增加高速相机及其支架、数据采集系统支架,同时将测试系统和导线简化为集中质量分布在相应的区域。根据试验件配平和称重结果调整座椅在客舱内的安装位置和行李架内乘员行李模拟物的质量。

从试验件撞击后的变形和破坏情况看,连接失效主要包括以下几种类型。

(1)货仓地板与货仓导轨的连接失效,失效模式为钉连接拔脱。

(2)货仓下部机身框与蒙皮的连接失效,失效模式以铆钉拉脱为主。

(3)机身框与部分剪切角片的连接失效,失效模式主要为剪切失效。

铆钉的失效参数与加载速度有关,根据实际的破坏情况和发生破坏时候的近似加载速度,重新给定铆钉失效判据。下部机身框与蒙皮/剪切角片连接失效加载速度取决于初始撞击速度,斜撑下机身框与剪切角片失效加载速度约为 5 m/s。货仓地板与导轨连接失效根据基材的剪切强度、钉杆的直径计算得到。

将结构分成 3 个区域考虑铆钉的失效问题,货仓地板下部的机身框结构为Ⅰ区,斜撑杆到货仓地板的区域为Ⅱ区,货仓地板与货仓导轨的区域为Ⅲ区。根据图 5-21 拟合得到的失效载荷与速度的关系,最终的失效判据见表 8-3。

表 8-3 铆钉的失效判据

	N_u/kN	T_u/kN	失效模型
区域Ⅰ	9.72	9.50	$\left(\dfrac{N}{9\,720}\right)^2+\left(\dfrac{T}{9\,500}\right)^2\leqslant 1$
区域Ⅱ	9.10	8.70	$\left(\dfrac{N}{9\,100}\right)^2+\left(\dfrac{T}{8\,700}\right)^2\leqslant 1$
区域Ⅲ	4.1	3.2	$\left(\dfrac{N}{4100}\right)^2+\left(\dfrac{T}{3200}\right)^2\leqslant 1$

修正后的分析模型共有 282 777 个单元,249 837 个节点,模型的质量为 1913 kg,试验件质量为 1 935 kg,模型的质量误差为 1.13%。同时将机身段有限元模型撞击刚性面的初始姿

态和速度修正为与试验件撞击测力平台瞬间的状态一致,即撞击速度为 6.85 m/s,俯仰角 0.029°,向三联座椅侧滚转 1.56°。修正完成后的机身段坠撞有限元模型如图 8 - 12 所示。

分析获得的机身段总体变形模式如图 8 - 13 所示,由图 8 - 7 和图 8 - 13 可知,分析获得的机构变形模式与试验结果完全一致,证明结构的总体刚度分布与试验件基本一致,材料模型、材料失效判据、连接失效判据、关键计算参数给定均满足分析要求。

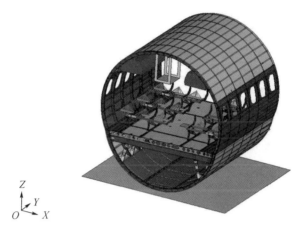

图 8 - 12　修正后的机身段坠撞分析模型

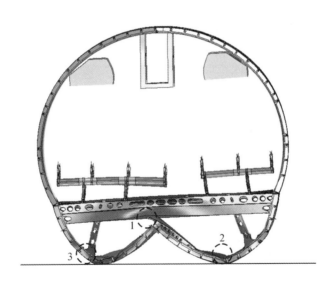

图 8 - 13　分析获得的典型机身段变形模式

1—结构断裂与连接失效;　2—塑性变形与塑性铰;　3—压缩

以结构的剩余速度为参考,分析结构的动态变形过程,撞击初始时刻的剩余速度为 100%,主动能量吸收过程结束时的剩余速度为零。速度每下降 20%,对比一次试验结果与分析结果的变化情况。机身段坠撞试验变形与分析获得的变形对比见表 8 - 4。由表 8 - 4 可知,分析模型的动态变形模式和变形过程与坠撞试验完全一致。

表 8-4　机身段结构坠撞试验与分析变形情况对比

剩余速度	试验结果	分析结果
100%	 机身段结构触地,撞击开始	 分析模型以设定的初速度撞击刚性地面,撞击开始
80%	 货仓地板与滑轨连接失效,机身框开始断裂,机身框形成塑性铰	 货仓地板与滑轨连接失效,机身框开始断裂,机身框形成塑性区
60%	 机身框完全断裂	 机身框完全断裂
40%	 斜撑杆连接区触地 连接区压缩	 斜撑杆连接区触地 连接区压缩
20%	 斜撑杆加强耳片触地	 斜撑杆加强耳片触地
0	 斜撑杆压缩,撞击速度降为 0	 斜撑杆压缩,撞击速度降为 0

选择部分典型点的结构加速度响应进行相关性分析,选择的点包括 SD484 框与 C4 导轨交叉处(以下简称 C4 处),中间一排两联座椅靠窗户的假人骨盆处的加速度响应(该位置与假人质心基本接近,分析结果直接来源于此处模拟假人质心点的加速度输出),以及整个客舱地板平面中心点的加速度响应(由于此处有模拟测试设备重量的大质量,计算输出的加速度值数值振荡较小,便于相关性分析)。各位置试验与分析加速度值的对比如图 8 - 14～图 8 - 16 和表 8 - 5 所示,曲线中的加速度均为垂向。

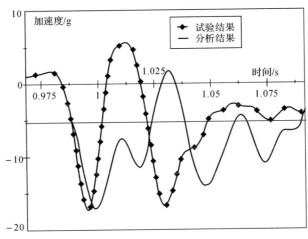

图 8 - 14　C4 处试验与分析加速度曲线对比

由图 8 - 14 可知,数值计算较好地获得了 C4 处结构加速度响应,第一个峰值大小和出现的时间均与试验结果十分接近。但是由于计算中没有考虑座椅坐垫系统的阻尼机制,使得第一个峰值后的分析曲线振荡比试验结果严重,同时第二个峰值出现的时间也有较大的误差,第一次峰值出现后由于结构弹性释放引起的加速度信号反向没有得到很好的模拟。

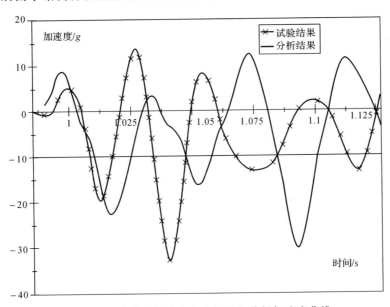

图 8 - 15　客舱地板中心点的试验与分析加速度曲线

如图 8-15 所示，分析也较好地得到了客舱地板中心点处结构加速度响应，第一个撞击过载出现的时间和峰值都与试验结果较为接近，而后续过载峰值出现的时间出现了较大的误差。其主要原因与前文一致，坐垫系统的缓冲对结构响应有明显的影响，但由于缺少相关数据，分析中没有很好考虑其影响。

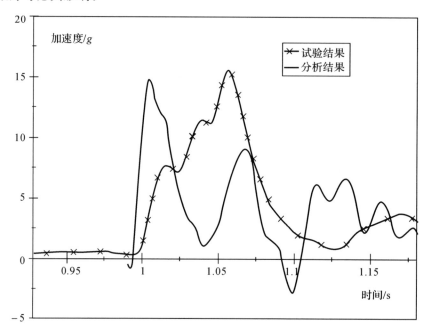

图 8-16　典型假人质心处试验与分析加速度曲线

对比试验结果和分析结果，如图 8-16 所示，典型假人质心处的过载变化很好地揭示了坐垫在假人垂向过载变化中的作用，相对于分析结果，其明显减缓了质心处加速度的变化率。同时，在安全带的约束下，假人骨盆处的过载始终向上（假人体内安装的加速度传感器主轴方向与结构上安装的传感器一致，但正向不一致，假人体内安装的传感器向上为正），而分析获得的曲线可以明显地观察到由于座椅结构的弹性释放造成加速度反向（座椅弹性释放的时间早于机身框结构整体）。

坐垫为聚氨酯发泡材料，为典型的多胞材料，其压缩过程可分为弹性段、平台段和压实段。压实后其应力水平上升很快，该阶段基本可用刚性连接对其进行简化，所以测试获得的假人骨盆处的最大过载值与分析结果十分接近。

表 8-5　典型位置峰值加速度

	C_4/g	客舱地板中心点/g	典型假人质心/g
试验	−17.32	−32.76	−15.57
分析	−17.19	−30.24	−14.72
误差	−0.75%	−7.69%	−5.46%

从表 8-5 可知，分析获得的峰值过载与试验结果误差不超过 10%，很好地预计了撞击过程中结构的过载。

参 考 文 献

［1］ 飞机设计手册.第九分册,载荷、强度和刚度,2001.

［2］ 通用飞机抗坠撞设计指南,2009.

［3］ 机上人员系统——抗坠毁手册.联合使用规范指南,2007.

［4］ 刘小川.民机典型机身段结构(含内部设施)坠撞试验大纲.MJKY071006JB201201,中国飞机强度研究所技术报告.

［5］ 刘小川.民机典型机身段结构(含内部设施)坠撞试验报告.MJKY071006JB201301,中国飞机强度研究所技术报告.

［6］ SAE J211 - 1. Instrumentation for Impact Test - Part 1 - Electronic Instrumentation, 2007.

［7］ AC25. 562 - 1B. Dynamic evaluation of seat restraint systems and occupant protection on transport airplanes, 2006.

第9章 含内部设施机身舱段适坠性评估体系及其分析

适坠性评估指标涵盖人体生理指标、结构变形指标等，均为独立的指标。而适坠性评估应当是对整个机身结构和内部设施进行综合评估，单个指标的好坏并不能完全说明机身结构和内部设施适坠性的好坏，依据本文提出的综合适坠性指数（Integrated Crashworthiness Index，ICI）概念，并基于典型机身段结构和内部设施的坠撞试验结果，对典型民机机身段结构的适坠性进行了综合评估。

9.1　人体的耐受度和机身结构的适坠性要求

本节对冲击环境下人体耐受度、中国民航运输类飞机适航标准和FAA咨询通报中与结构适坠性相关的条款进行了梳理，对乘员、机体结构和内部设施的适坠性指标与要求进行了分析。

9.1.1　人体耐受度

人体对冲击环境的耐受度是建立人体适坠性评估准则的基础，影响人体耐受度指标的因素包括以下几方面。

（1）约束系统：如约束方式、约束带性质等。

（2）人的个体差异：如年龄、性别、体重、身高及平常健康状况等。

（3）人体的固有特性：如关节、骨骼强度等。

（4）冲击条件：包括冲击载荷的形式、起始值大小、冲击载荷的峰值大小、冲击载荷作用时间的长短。

1. 人体坐标

为了减少描述人体对不同类型载荷承受度时的混乱，给出如下人体坐标，如图9-1所示。

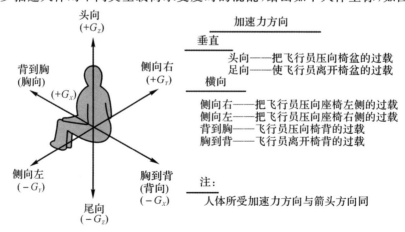

图9-1　人体坐标

2.人体对加速度载荷的耐受度

由于人体自身生理特点,人体对不同方向加速度载荷的承受能力是不一致的,同时人体对加速度载荷的承受能力还受约束状态的影响,约束越牢固,人体的耐受度越高,民机乘员一般使用两点约束。在图9-2～图9-4中给出不同约束状态人体对不同方向加速度的耐受曲线,表9-1汇总了不同约束时人体对不同方向加速度载荷的耐受度。

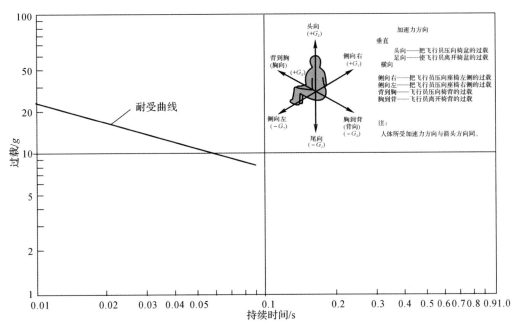

图 9-2　两点约束时人体对 $-G_X$ 冲击的耐受曲线

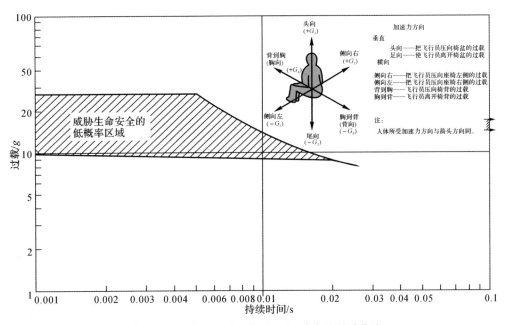

图 9-3　两点约束时人体对 $+G_Z$ 冲击的耐受曲线

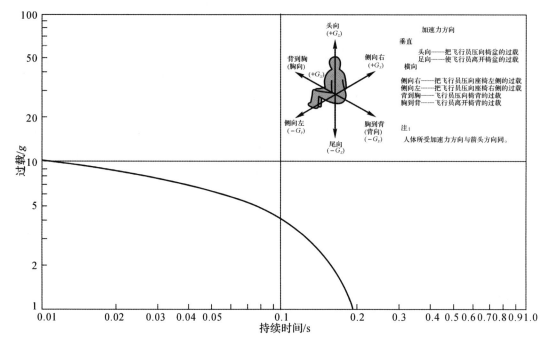

图 9-4 两点约束时人体对 $-G_Y$ 冲击的耐受曲线

表 9-1 人体对不同方向加速度载荷的耐受度

方 向	峰值/g	持续时间/s
X	24	0.01
Y	10	0.01
Z	27	0.01

3.人体各部位的冲击耐受度

人体各部位的冲击耐受度汇总如下：

(1)头部冲击耐受度。采用头部伤害因子 HIC 来评估头部伤害程度,则

$$\text{HIC} = \left\{ (t_2 - t_1) \left[\frac{1}{t_2 - t_1} \int_{t_1}^{t_2} a(t)\,\mathrm{d}t \right]^{2.5} \right\}_{\max} \tag{9-1}$$

其中,t_1,t_2 为计算的起始和终止时刻,$t_2 - t_1 = 36$ ms,$a(t)$ 为头部三轴向合成加速度,要求 HIC $<$ 1 000。

(2)股骨冲击耐受度,定义股骨受伤标准为

$$F = 23.14 \text{ kN} \sim 8.9 \text{ kN}, \quad T < 20 \text{ ms}$$
$$F = 8.90 \text{ kN}, \quad T \geqslant 20 \text{ ms}$$

(3)面部冲击耐受度。面部的撞击耐受度由严重度指数 SI 确定,则

$$\text{SI} = \int_{t_0}^{t_s} a^n \,\mathrm{d}t \tag{9-2}$$

a 为加速度函数,n 为大于 1 的加权系数,在头部和面部撞击时取 2.5,SI 在坠撞过程中不应超过 500。

(4)颈部冲击耐受度。颈部冲击耐受度由指数 N_{ij}(Neck Injury Criteria)描述,则

$$N_{ij} = \frac{F_z}{F_{int}} + \frac{M_Y}{M_{int}} \qquad (9-3)$$

其中,F_z 为颈部轴向载荷,M_Y 为弯矩,F_{int} 和 M_{int} 为人体耐受极限,见表 9-2,坠撞过程中 N_{ij} 不能超过 1。

表 9-2　中等身材男性颈部伤害指标

	拉伸 /N	拉伸 /N	向前低头 /(N·m)	向后抬头 /(N·m)
中等身材男性	4 500	4 500	310	125

(5)胸部冲击耐受度。胸部耐受度由胸部伤害指标(Combined Thoracic Index,CTI)描述,则

$$CTI = \frac{A_{max}}{A_{int}} + \frac{D_{max}}{D_{int}} \qquad (9-4)$$

其中,A_{max},D_{max} 为坠撞过程中乘员胸部承受最大加速度和变形量,A_{int},D_{int} 为人体耐受极限。对于中等身材男性,A_{int} 为 $60g$,D_{int} 为 63 mm。坠撞过程中 CTI 不能超过 1。

(6)脊椎冲击耐受度。评估潜在脊椎损伤所使用的参数是脊椎载荷/强度率(SLSR),则

$$SLSR = \frac{脊椎轴向所受载荷}{最大压缩强度} \qquad (9-5)$$

为使损伤率低于 10%,必须保持或低于 0.26。为了限制对乘员脊椎的伤害,乘员的垂直减速度在 0.025 s 内不能超过 $23g$。

9.1.2　乘员伤害评估准则

由于坠撞事故发生后要求乘员还能继续保持活动性,并具备自主应急撤离的能力,因此人体耐受度极限实际应用中是作为人体伤害程度评估的参考值。适航条例规定的用于座椅系统动态性能评估的冲击环境见表 9-3。

表 9-3　座椅系统动态性能评估的冲击环境

箭头为惯性载荷作用方向	垂直冲击	航向冲击
最小速度改变量/(m·s⁻¹)	10.65	13.41
达到最大过载时间/s	0.08	0.09
最小过载值/g	14	16

续 表

模拟地板变形	滚转角	0°	10°
	俯仰角	0°	10°

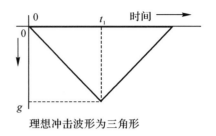

试验波形模拟了地板处的减速度时间历程

t_1—上升时间；　v_1—初始冲击速度

理想冲击波形为三角形

根据民用运输类飞机旅客座椅的约束形式(一般为两点式安全带,不带惯性卷收装置)和载荷特点,坠撞过程中人体可能经受的伤害包括头部与前排座椅或隔舱发生碰撞,腰椎在惯性载荷下的压缩,安全带过分约束带来的挤压载荷,大腿骨头由于座椅变形受到挤压等,因此适航条例规定坠撞过程中乘员的伤害评估准则为：

(1)约束带载荷(胸部伤害准则)：如果使用上躯干约束带,单系带上的拉伸载荷不得超过7 784 N。如果使用双系带约束上部躯干,则系带总拉伸载荷不得超过8 896 N;

(2)骨盆压缩载荷：假人骨盆和腰部脊柱之间测得的最大压缩载荷不得超过6 672 N;

(3)头部伤害因子：为使乘员头部免受严重伤害,应使 HIC<1 000;

(4)大腿骨轴向载荷：在可能与座椅或其他构件碰撞导致腿部受伤的情况下,必须提供防护措施使每一股骨上的轴向压缩载荷不超过10 008 N。

9.1.3　机身结构适坠性评估准则

机身结构适坠性设计的目标是通过结构的可控变形,降低乘员经受的过载,为乘员提供足够的生存空间,保障乘员的应急撤离,最大限度提高乘员的生存可能性。

分析民机结构适坠性时必须考虑结构的能量吸收能力,能量吸收来自于结构的大变形、破坏以及局部材料的塑性变形等。从民机结构适坠性设计的角度,必须注意结构的刚度匹配,通过设计使得结构在坠撞载荷作用以可控的方式变形,由于结构的破坏总是发生在相对刚度最弱的部位,因此不能盲目地加强和减弱某个局部的结构强度刚度,而应在总体上对结构的强度刚度进行设计。

对于典型的民机机身结构,适坠性的总体要求为：

1.客舱地板下部结构

客舱地板下部结构在能量吸收中起着主要作用,通过材料的塑性变形和局部结构的破坏吸收坠撞能量,从而将传递到地板的能量降低到乘员能承受的范围内,要求大变形或破坏后的下部结构不能将客舱地板刺穿。

2.客舱结构

相对刚度较大的地板及上部机身结构为乘员保持一定的生存空间,同时为座椅和其他的舱内设施提供牢固的支撑,防止行李舱或其中容纳的货物以及其他辅助用品脱落直接伤及乘员或阻碍乘员应急撤离。

同时结构的变形不能导致应急舱门无法打开。

3. 舱内设施的系留

对于机身段,除座椅系统外,可能安装的舱内设施包括行李架、灭火器、餐车等,一般要求这些质量体在坠撞过程中保持系留。由于舱内设施的连接件均按适航条例规定的过载系数按静强度设计方法进行设计,从大量的试验结果看,真实的机身段坠撞试验中大质量体经历的过载峰值是远大于适航条例中规定的过载系数,因此行李架等舱内设施的设计也应当参考座椅系统的验证方法进行动力学验证。

行李架是通过多个连接件与机身框进行连接,其中某些连接件还应当使用能量吸收设计,通过在特定载荷下启动能量吸收元件降低主连接件所经受的载荷,确保行李架始终与机身框保持连接不脱落。

行李架的另一个关注点是闭锁机构,闭锁机构可以在坠撞后无法打开,但不能闭锁失效后导致行李架内存放的行李脱落,直接伤及乘员或阻塞撤离通道。

4. 座椅及约束系统

座椅及约束系统是最关键的舱内设施,也是乘员安全的最后一道屏障。约束系统可将乘员束缚在座椅中,限制坠撞过程的人体运动,防止乘员被甩出或与舱内设施发生二次撞击,提高人体对冲击载荷的承受力。为提高座椅系统对乘员的保护能力,目前座椅系统的设计已经由 $9g$ 静强度设计转变为 $16g$ 动强度设计,并且必须通过冲击试验对结构设计进行验证。

座椅系统的冲击试验中模拟了地板的变形,可验证座椅系统的能量吸收能力、乘员保护能力和座椅的刚度特性以及连接件的强度,并通过试验采集到的座椅变形数据和乘员运动路线对座椅系统的装机符合性进行验证。但适航条例中规定的试验条件无法模拟真实机身段坠撞试验中的其他舱内设施和客舱地板上部结构变形与座椅变形之间的耦合关系,因此通过机身段试验或仿真进行综合分析是必要的验证。

座椅设计中的能量吸收装置的动作或结构部件的塑性变形都可能产生座椅整体的变形,如果变形太大,就可能影响飞机的应急撤离。座椅主承力结构可能的损伤包括弯曲、拉伸变形、压缩断裂、屈曲,允许结构的开裂、铆钉连接的失效以及复合材料轻微分层,但在乘员与座椅连接点之间仍应保持连续的传力结构,即座椅系统必须维持功能。

而安全带的损伤,例如纤维织物的刮伤、磨损、破损都是可接受的,但是安全带不能被结构或安全带调节装置切断或撕裂。

座椅的永久变形不能对乘员脱离约束系统、站立和离开座椅等行为造成大的影响,并且在任何情况下都不能夹住乘员,要求:

(1)变形后的座椅不能压住乘员的脚或小腿。

(2)座椅盆的旋转不能困住乘员。

(3)影响任何应急舱门的操作或妨碍应急舱门开启。

(4)变形后的座椅不能侵入必须的乘员通道。

座椅上的特定附件,如小桌板和脚踏板,在飞机滑行、起飞着陆过程中是要求收起的。在冲击过程中,如果这些附件展开后很容易被正常乘员的运动推开,并且推开后不影响乘员的撤离,那么这种展开是可以接受的。

其他的附件,如杯托、烟灰缸、调整片等,不会对应急撤离产生显著影响,因此可不予以考虑。

　　机身段上除了普通乘员座椅,还有机组座椅,机组座椅一般为可收起折叠式座椅,这些座椅如果可能影响应急撤离,则要求必须在冲击后保持收起状态,并要求其仍能存放在必要的范围内,不能过多的侵占通道。同时,可能影响应急出口的折叠座椅必须自动收起至不影响应急舱门开启的位置。

9.2　综合适坠性评估指数

　　如 9.1 节所述,中国民航运输类飞机适航标准和美国联适航管理局咨询通报对飞机结构、乘员、大质量、座椅和约束系统在应急着陆过程中的动力要求做出了规定,同时对客舱防火、照明、应急撤离措施等也有相关要求。

9.2.1　适坠性评估指标体系

　　对于本文研究的机身段结构和舱内设施,涵盖的内容为机身结构、假人、座椅系统、行李箱,相关的指标要求为:

　　(1)约束带载荷(Belt)。单系带上的拉伸载荷不得超过 7 784 N。

　　(2)骨盆压缩载荷(Pelvis)。最大压缩载荷不得超过 6 672 N。

　　(3)头部伤害因子(HIC)。HIC 不能超过 1 000。

　　(4)大腿骨轴向压缩载荷(Femur)。轴向压缩载荷不超过 10 008 N,取左、右大腿骨压缩载荷中的较大者。

　　(5)座椅连接指标(Attach)。座椅在坠撞过程中可以发生塑性变形,结构可以屈服,但座椅必须始终连接在所有连接点上,若保持连接,Attach=1,反之 Attach=0。

　　(6)物件脱落指标(Drop)。行李箱内的货物和其他大件物品不能脱落伤及乘员,若没有任何物件脱落或脱落的物件不伤及乘员和影响撤离,则 Drop=1,反之,Drop=0。

　　(7)结构的变形指标(Deform)。结构的变形不能妨碍应急舱门的打开,客舱总体变形量不能超过 15%。如果试验后应急舱门可以打开,客舱总体变形量不超过 15%,那么 Deform=1,反之 Deform=0。

　　(8)座椅变形指标(Seat)。变形后的座椅不能压住乘员的脚或小腿,座椅的前向或后向变形不能超过 75mm;座椅盘相对水平面的永久旋转变形不能超过 20°或向下的俯仰角不能超过 35°,座椅盘的旋转不能困住乘员;变形后的座椅在距地板 635mm 以下的部位相对通道的横向变形不能超过 38mm,变形后的座椅在距地板 635mm 以上的部位相对通道的横向变形不能超过 50mm;同时不允许座椅的变形影响任何应急舱门的操作或妨碍应急舱门开启(以最窄间距乘员座椅最小宽度作为开启舱门的位置),以及不允许座椅侵入必须的乘员通道。满足以上所有条件则 Seat=1,若有一条不满足,则 Seat=0。

　　(9)约束带保持位置指标(Restraint)。在坠撞过程中,约束带是否能够保持在乘员盆骨处(若有肩带,则还应检查肩带是否保持在乘员肩上),若约束带保持完好,则 Restraint=1,否则 Restraint=0。

9.2.2　综合适坠性评估指数

民机机身结构为复杂的航空结构,需要满足强度、刚度、损伤容限、耐久性以及适坠性等众多约束条件,其设计是典型的多目标优化问题,在同样的目标函数和约束函数限制下,存在着一组非劣解。因为适坠性与客舱内的布置密切相关,如果将适坠性要求单独提取出来,其中至少包含着结构要求和乘员生存要求,由于每个约束条件都有一定的取值范围,同样也会存在一组非劣解,使得多个设计构型均可满足适坠性要求。

对于本文研究典型民机机身段结构和内部设施,其适坠性评估中关注的主要为两个方面的内容,一是结构要求;二是人员生存性的要求。对于适航要求来说,所有的条款要求均为最低要求,各指标均为并列关系,无先后之分,每个条款都必须满足。对于典型的民机机身段结构(含内部设施),适坠性评估涵盖的内容为机身结构、假人、座椅系统、行李箱。

为了定量评估不同设计构型适坠性的好坏,为结构适坠性设计提供一个统一的目标函数,本文研究中借鉴汽车碰撞实验中 NCAP 评定方法,提出了综合适坠性评估指数 ICI(Integrated Crashworthiness Index)的概念,以评分的方式对机身段结构的适坠性进行量化评估。

通过将各单项评估指数整合,无量纲化,为设计人员提供一个简单的方法,用于评价不同设计构型的适坠性设计水平,便于筛选最合适的设计参数组合。通过该指数,在多种设计概念和设计构型均可满足结构适坠性要求的情况下,可选择得分最高的方案,也即相对最优的结构适坠性设计方案,即

$$ICI = \frac{1}{n}\sum_{i=1}^{n}\left(\frac{7\,784 - Belt^i}{7\,784} + \frac{6\,672 - Pelvis^i}{6\,672} + \frac{1\,000 - HIC^i}{1\,000} + \frac{10\,008 - Femur^i}{10\,008}\right) +$$
$$Attach + Drop + Deform + Seat + Restraint \qquad (9-6)$$

式中,n 为带传感器假人数量,对于本文研究的机身段,$n=4$。7 784 为单系安全带的最大拉伸载荷,单位为 N;6 672 为腰椎最大压缩载荷,单位为 N;1 000 为头部伤害因子限定值,为无量纲单位;10 008 为腿骨最大压缩载荷,单位为 N。民机结构适坠性评估的目的是评估特定撞击环境下结构保护乘员的能力,因此评估的前提条件是结构不能对乘员造成附加伤害,即结构的单项适坠性指标必须完全满足才能进行整体的适坠性评估,也即满足适坠性要求的 ICI 最低得分为 5 分。而人体响应又决定了乘员经受载荷的大小和生存的概率,因此满足适坠性要求的 ICI 最高得分为 9 分,同时人体的伤害指数越小,ICI 越接近 9,表明在该坠撞环境下结构的适坠性越好,结构在坠撞过程中保护乘员不受致命伤害的能力越强,乘员的生存概率也就越高。

9.3　基于坠撞试验结果的机身段结构适坠性评估

由于机身段坠撞仿真重点关注了结构的变形和结构响应,分析模型中没有详细考虑人体,因此结构段结构适坠性评估基于实验结果进行。

典型机身段坠撞实验后对实验件进行了详细检查,表明座椅与导轨的所有连接完好,因此 Attach=1;客舱结构在撞击过程中为弹性变形,撞击结束后乘员生存空间损失小于 1%,因此 Deform=1;座椅在撞击过程中也只发生了弹性变形,实验结束后检查各项指标均满足要求,

因此 Seat=1;实验中假人仅使用了下腹安全带,实验后检查所有的安全带均保持完好,因此 Restraint=1;撞击过程中,行李舱锁始终没有打开,虽有连接件断裂的情况,但行李舱没有脱落,没有威胁到乘员的安全,因此 Drop=1。

假人响应见表9-4,其中安全带载荷、骨盆压缩载荷和大腿骨轴向载荷取峰值。

表9-4中的假人响应数据说明:在垂直撞击环境下,对乘员生存影响最大的指标是骨盆压缩载荷。由于假人Ⅲ安全带载荷传感器信号异常,且撞击过程中假人Ⅲ的其他数据相较其他假人的数据没有显著差别,因此,评估中将其他Ⅲ个假人安全带载荷中的最大值作为指数计算过程中假人3的安全带载荷。用于适坠性评估的假人响应数据见表9-4。

表9-4　用于适坠性评估的假人响应数据

假人编号	安全带载荷/N	腰椎压缩载荷/N	HIC	腿骨压缩载荷/N
Ⅰ	73.4	3 610.0	6.5	305.0
Ⅱ	74.5	3 550.0	32.9	162.0
Ⅲ	74.5	3 960.0	15.3	141.4
Ⅳ	37.7	3 610.0	16.7	452.3

$$\text{Belt}=\frac{4\times7\ 784-(73.4+74.5+37.7+74.5)}{4\times7\ 784}=0.99$$

$$\text{Pelvis}=\frac{4\times6\ 672-(3\ 610+3\ 550+3\ 960+3\ 610)}{4\times6\ 672}=0.45$$

$$\text{HIC}=\frac{4\times1\ 000-(6.5+32.9+15.3+16.7)}{4\times1\ 000}=0.98$$

$$\text{Femur}=\frac{4\times10\ 008-(305.0+162.0+141.4+452.3)}{4\times10\ 008}=0.97$$

则

$$\text{ICI}=\text{Belt}+\text{Pelvis}+\text{HIC}+\text{Femur}+\text{Attach}+\text{Deform}+\text{Seat}+\text{Restraint}+\text{Drop}=8.4$$

说明在以6.85 m/s的撞击速度垂直撞击刚性模拟地面的环境下,机身结构具有良好的适坠性,满足适航条例对结构适坠性的要求,乘员不会受到明显伤害。

参 考 文 献

[1] Anon. Weight and Balance Manual, Avions de Transport Regional, Service Bulletin ATR42-34-0114,1992.

[2] U. S Army Aviation Systems Command, Military Standard. Light Fixed and Rotary-Wing Aircraft, Crash Resistance, MIL-STD-1290A (AV).

[3] Aircraft Crash Survival Design Guide. Volume Ⅱ—Aircraft Design Crash Impact conditions and Human Tolerance, USAAVSCOM TR-89-D-22C,ADA218436, SIMULA INC. 1989.

[4] TNO Road Vehicle Research Institute. MADYMO V5. 2 User's Manual 3D. Netherlands:TNO RVRI, 1996.

［5］　AC25.562－1B，Dynamic evaluation of seat restraint systems and occupant protection on transport airplanes，2006.

［6］　AC25－17，Transport airplane cabin interiors crashworthiness handbook，1991.

［7］　C－NCAP 管理规则(2012 年版)[R].中国汽车研究院，2012.

［8］　刘小川，郭军，等.民机机身段结构和内部设施坠撞试验及适坠性评估.航空学报，2013，34(9)，2130－2140.

第10章 适坠性分析评估软件平台及其应用

民用飞机适坠性分析与评估任务非常复杂,需要多个部门、多方面工程分析人员以及多个不同的软件协作完成。为保障民用飞机适坠性分析与评估工作的顺利进行,保障分析与评估过程数据的一致性,积累适坠性分析与评估经验,需要建立一个软件工作平台来完成民机适坠性分析与评估工作,为提高民机抗坠撞设计提供支持。本章主要介绍民机适坠性分析与评估平台的功能、建立平台的设计思路,适坠性分析与评估软件的功能,以及平台的应用情况。

10.1 软件平台功能介绍

民用飞机适坠性分析与评估软件平台是为工程分析人员提供一个完成民用飞机适坠性分析与评估任务的操作平台,为适坠性分析与评估项目管理人员提供一个适坠性分析与评估工作的计划、任务管理平台。

民用飞机适坠性分析的建模、分析、评估、试验数据处理等软件工具是民用飞机适坠性分析与评估软件平台的基础。这些 CAD/CAE 软件工具有些是现有的商业软件,如:LS-DYNA,MSC.Patran,MSC.Dytran 等,有些是项目科研团队开发的软件。由于适坠性分析与评估工作任务繁多,一架飞机的适坠性分析与评估工作是由一个团队,多个不同的软件工具来完成的。这个团队成员可能来自不同的工作单位,软件工具出自不同的软件公司,对计算机的运行环境要求也不尽相同。团队成员之间、软件工具之间需要协调和数据交换。另外,对于有些分析任务,例如机身结构的坠撞分析,不同的建模方案所得的分析结果就可能不同,需要进行对比分析,选择最佳方案;需要进行分析与试验相关性评估,对模型进行修改。因此,坠撞分析是一个反复、迭代完善的过程。结构吸能的特性分析也是如此,需要对不同的吸能部位、吸能元件进行对比分析和试验验证,才能优选最佳的吸能结构形式和布局。

综上所述,设计、建立民用飞机适坠性分析与评估软件平台的目标是:利用数据库和计算机网络技术建立民用飞机适坠性分析与评估协同工作的软件环境,实现适坠性分析与评估项目的计划、任务管理、全过程数据管理、流程管理,保障民用飞机适坠性分析与评估工作的顺利进行;保障分析与评估过程数据的一致性和完整性,积累适坠性分析、试验、评估经验和成果,达到资源共享、成果共享,为民用飞机抗坠撞设计提供技术支持。

民机适坠性分析与评估软件平台的总体功能架构如图 10-1 所示。平台的主要功能包括适坠性分析与评估项目的任务管理,适坠性分析与评估流程管理,适坠性分析与评估全过程数据管理,机身下部结构吸能分析,座椅系统、行李架数值分析,机身结构坠撞数值分析,民用飞机适坠性评估等。

由于机身下部结构吸能分析,座椅系统、行李架数值分析,机身结构坠撞数值分析,民用飞机适坠性评估等在相应的章节有详细的介绍,本节仅对平台的功能架构和管理功能进行介绍。

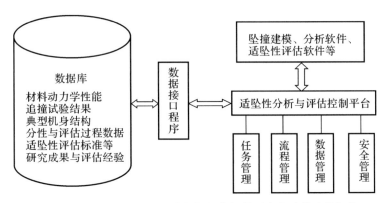

图 10-1　民用飞机适坠性分析与评估软件平台的总体功能架构

10.1.1　适坠性分析与评估项目的任务管理

民用飞机适坠性分析与评估任务管理,是以具体飞机型号的适坠性分析、试验、评估项目为单位进行管理,任务管理的主要功能是:由项目负责人创建适坠性分析与评估项目,明确项目任务,进行任务分工,确定完成任务的标志和时间节点,适时检查任务的完成情况,以及对任务完成质量进行评价。民用飞机适坠性分析与评估的任务有以下 3 项。

(1)适坠性分析。

(2)适坠性试验。

(3)适坠性评估。

民用飞机适坠性分析与评估任务管理的关键是对具体适坠性分析与评估项目的任务划分,明确任务完成的标志(即任务完成后的输出结果)。任务划分的原则是具有独立的输入条件和输出结果,由具体人员或软件可以完成的工作就可作为一项任务,例如,典型机身段坠撞分析建模、典型机身段坠撞分析、坠撞试验设计、坠撞试验数据处理、坠撞试验与分析相关性评估等,均可作为独立的任务。不同飞机或不同项目的适坠性分析与评估任务项不是固定的,可进行动态分配。

10.1.2　适坠性分析与评估流程管理

适坠性分析与评估流程管理,就是组织完成一架飞机适坠性分析与评估项目所要进行的工作任务,以及完成工作任务的线路图,通过检查任务的输入条件是否满足来控制任务的执行时机。民用飞机适坠性分析与评估的总体流程如图 10-2 所示。

适坠性分析与评估流程管理是与适坠性分析与评估任务密切相关的。对于适坠性分析,由于坠撞分析是一个非常复杂的高度非线性冲击动力学问题。从结构上来说,是非常复杂的,除了机身框段,还有座椅、行李舱、假人等舱内设施。为了改善民用飞机结构抗坠撞特性,机身下部一般采用吸能结构,来降低坠撞发生时传给地板上部结构的载荷和乘员经受的载荷、提高乘员生存力。为了既满足坠撞分析的准确性,又有较高的计算效率,对民用飞机适坠性分析与评估项目,按其结构分类进行任务分解,将全机适坠性分析与评估分成若干个子流程。例如:典型机身结构适坠性分析与评估(采用集中质量表示座椅和假人的质量和惯性特性)、舱内设施及其固定连接结构适坠性分析与评估、坠撞对人体伤害程度的评估等。舱内设施及其固定连接结构适坠性分析与评估又可分为乘员座椅-地板连接、行李舱-机身框架固定连接装置适坠性分析与评估两个子流程。

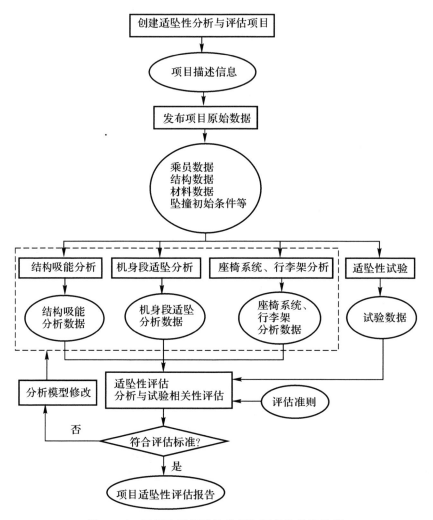

图 10-2　民用飞机适坠性分析与评估的总体流程

　　在民用飞机适坠性分析与评估软件平台上,一架飞机的适坠性评估项目是以完成若干个子评估流程后,再进行综合分析来完成的。要实现对所有子流程的组织与控制、适坠性分析与评估全过程的数据管理,需要对每一个子流程中所包含的任务、任务所对应的输入/输出数据、数据格式(参数形式或文件形式),以及任务的执行顺序定义清楚。以下行李-机身框段连接件适坠性分析与评估子流程为例说明流程定义方法。行李-机身框段连接件适坠性分析与评估子流程如图 10-3 所示。

　　图 10-3 中一个方框表示一项任务,包含任务名称和对应的软件;圆圈表示任务包含的数据,箭头指向方框表示任务的输入数据,箭头指向圆圈表示任务的输出数据,箭头顺序表示任务的执行顺序。

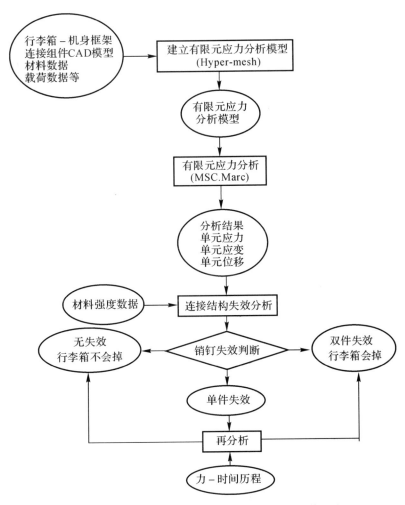

图 10 - 3　行李-机身框段连接件适坠性分析与评估子流程

10.1.3　适坠性分析与评估数据管理

民用飞机适坠性分析与评估全过程数据管理,就是利用数据库数据管理功能将适坠性分析与评估全过程所涉及的数据,包括适坠性分析与评估全过程各项任务(或软件工具)的输入/输出数据,材料模型数据,适坠性分析与评估、坠撞试验、抗坠撞设计的研究成果和经验数据,适坠性评估标准或准则数据,典型机身结构数据等进行存储与管理,以保障适坠性分析与评估工作顺利完成,保障适坠性分析与评估过程数据一致、完整,达到资源共享、成果积累与共享的目的。

民用飞机适坠性分析与评估所涉及的数据可分为以下几类。

(1)研究成果和经验数据:坠撞试验技术、坠撞载荷预计技术、坠撞分析方法和建模方法、适坠性评估方法、结构吸能的分析、试验、设计技术等。

(2)与飞机型号有关的适坠性分析与评估数据:适坠性分析、评估、试验各项任务中涉及的输入/输出数据,如:坠撞初始条件、结构实体模型、坠撞分析模型、分析结果、评估结果、试验数据等。

（3）适航条例的标准或准则数据：坠撞试验评价标准、与适航条例相符的评估标准、坠撞中的人体生理指标等；

（4）材料动力学性能数据：材料的力学和物理性能参数、不同应变率下的应力-应变关系等。

在民用飞机适坠性分析与评估软件平台上，对上述数据进行分类管理。对于不同类的数据，在数据库中的管理方式、数据的应用方式是不同的。对于研究成果和经验数据，以文档的形式保存在数据库中，并建立各文档的属性表，如作者、日期、摘要、关键词等，以便对这些文档进行检索和引用。对于与飞机型号有关的适坠性分析与评估数据则要按型号或项目，以及数据对应的任务（或软件）进行管理。另外，这类数据，如分析模型、分析结果、评估结果等，是要经过反复修改、分析才能形成最终结果，所以还有一个版本管理的问题。对于符合适航条例的标准或准则数据和材料动力学性能数据，由于这类数据要在建模软件或分析与评估软件中引用，因此，应根据数据的格式和引用格式设计数据结构和相应的接口程序。我们在数据库中以图 10-4 给出的数据模型管理民机适坠性分析与评估过程数据。

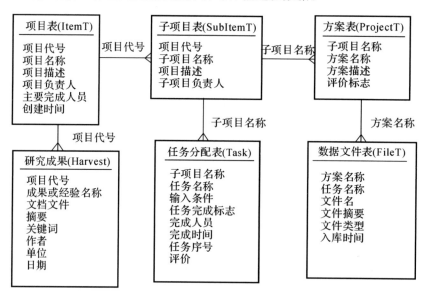

图 10-4　民机适坠性分析与评估过程数据管理模型

不同型号的飞机（或不同项目）的适坠性分析与评估的子项目和工作任务是不相同的，为了满足任务的动态管理和分配，我们在数据库中要建立任务注册表。

10.2　适坠性分析与评估软件介绍

在民用飞机适坠性分析与评估软件平台上，适坠性分析与评估使用的软件工具主要有：坠撞分析软件 LS-DYNA，其前处理软件 Hypermesh，本节对这两种软件的功能特点予以简单介绍。

10.2.1　LS-DYNA 介绍

LS-DYNA 是世界上著名的通用显式动力分析程序,能够模拟真实世界中复杂的动力学问题,特别适合求解各种二维、三维非线性结构的高速碰撞、爆炸和金属成型等非线性动力冲击问题,同时可以求解传热、流体及流固耦合问题。在工程应用领域被广泛认为是最佳的分析软件包。与试验的无数次对比证实了其计算的可靠性。

由 J. O. Hallquist 主持开发完成的 DYNA 程序系列被公认为是显式有限元程序的鼻祖和理论先导,是目前所有显式求解程序(包括显式板成型程序)的基础代码。1988 年 J. O. Hallquist 创建 LSTC 公司,推出 LS-DYNA 程序系列,并于 1997 年将 LS-DYNA2D,LS-DYNA 3D,LS-TOPAZ 2D,LS-TOPAZ 3D 等程序合成一个软件包,称为 LS-DYNA。LS-DYNA 的最新版本是 971 版。

LS-DYNA 程序是功能齐全的几何非线性(大位移、大转动和大应变)、材料非线性(140 多种材料动态模型)和接触非线性(50 多种)分析程序。该程序以 Lagrange 算法为主,兼有 ALE 和 Euler 算法;以显式求解为主,兼有隐式求解功能;以结构分析为主,兼有热分析、流体-结构耦合功能;以非线性动力分析为主,兼有静力分析功能(如动力分析前的预应力计算和薄板冲压成型后的回弹计算);是军用和民用相结合的通用结构分析非线性有限元程序。LS-DYNA 功能特点如下:

(1)分析能力。

1)非线性动力学分析;

2)多刚体动力学分析;

3)准静态分析(钣金成型等);

4)热分析;

5)结构-热耦合分析;

6)流体分析:欧拉方式、任意拉格郎日-欧拉(ALE)、流体-结构相互作用、不可压缩流体 CFD 分析;

7)有限元-多刚体动力学耦合分析 (MADYMO,CAL3D);

8)水下冲击;

9)失效分析;

10)裂纹扩展分析;

11)实时声场分析;

12)设计优化;

13)隐式回弹;

14)多物理场耦合分析;

15)自适应网格重划;

16)并行处理(SMP 和 MPP)。

(2)材料模式库(140 多种)。

1)金属;

2)塑料;

3)玻璃;

4)泡沫;

5)编制品;

6)橡胶(人造橡胶);

7)蜂窝材料;

8)复合材料;

9)混凝土和土壤;

10)炸药;

11)推进剂;

12)黏性流体;

13)用户自定义材料。

(3)单元库。

1)体单元;

2)薄/厚壳单元;

3)梁单元;

4)焊接单元;

5)离散单元;

6)束和索单元;

7)安全带单元;

8)节点质量单元;

9)SPH 单元。

(4)接触方式(50 多种)。

1)柔体对柔体接触;

2)柔体对刚体接触;

3)刚体对刚体接触;

4)边-边接触;

5)侵蚀接触;

6)充气模型;

7)约束面;

8)刚墙面;

9)拉延筋.

(5)特殊行业的专门功能。

1)安全带;

2)滑环;

3)预紧器;

4)牵引器;

5)传感器;

6)加速计;

7)气囊;

8)混合Ⅲ型假人模型。

（6）初始条件、载荷和约束功能

1）初始速度、初应力、初应变、初始动量（模拟脉冲载荷）；

2）高能炸药起爆；

3）节点载荷、压力载荷、体力载荷、热载荷、重力载荷；

4）循环约束、对称约束（带失效）、无反射边界；

5）给定节点运动（速度、加速度或位移）、节点约束；

6）铆接、焊接（点焊、对焊、角焊）；

7）二个刚性体之间的连接-球形连接、旋转连接、柱形连接、平面连接、万向连接、平移连接；

8）位移/转动之间的线性约束、壳单元边与固体单元之间的固连；

9）带失效的节点固连。

（7）自适应网格剖分功能。

动剖分网格技术通常用于薄板冲压变形模拟、薄壁结构受压屈曲、三维锻压问题等大变形情况，使弯曲变形严重的区域皱折更加清晰准确。

对于三维锻压问题，LS-DYNA 主要有两种方法：自适应网格剖分和任意拉格朗日-欧拉网格（ALE 网格进行 Rezoning），三维自适应网格剖分采用的是四面体单元。

（8）ALE 和 Euler 列式。ALE 列式和 Euler 列式可以克服单元严重畸变引起的数值计算困难，并实现流体-固体耦合的动态分析。在 LS-DYNA 程序中，ALE 和 Euler 列式有以下功能：

1）多物质的 Euler 单元，可达 20 种材料；

2）若干种 Smoothing 算法选项；

3）一阶和二阶精度的输运算法；

4）空白材料；

5）Euler 边界条件：滑动或附着条件；

6）声学压力算法；

7）与 Lagrange 列式的薄壳单元、实体单元和梁单元的自动耦合。

（9）SPH 算法。SPH（Smoothed Particle Hydrodynamics，光顺质点流体动力）算法是一种无网格 Lagrange 算法，最早用于模拟天体物理问题，后来发现也是解决其他物理问题非常有用的工具，如连续体结构的解体、碎裂、固体的层裂、脆性断裂等。SPH 算法可以解决许多常用算法解决不了的问题，是一种非常简单方便的解决动力学问题的研究方法。由于它是无网格的，它可以用于研究很大的不规则结构。

SPH 算法适用于超高速碰撞、靶板贯穿等过程的计算模拟。

（10）边界元法。LS-DYNA 程序采用边界元法（Boundary Element Method，BEM）求解流体绕刚体或变形体的稳态或瞬态流动，该算法限于非黏性和不可压缩的附着流动。

（11）隐式求解。用于非线性结构静动力分析，包括结构固有频率和振型计算。LS-DYNA 中可以交替使用隐式求解和显式求解，进行薄板冲压成型的回弹计算、结构动力分析之前施加预应力等。

（12）热分析（是否删掉）。LS-DYNA 程序有二维和三维热分析模块，可以独立运算，也可以与结构分析耦合，可进行稳态热分析，也可进行瞬态热分析，用于非线性热传导、静电场分

民机机身结构和内部设施适坠性设计评估与验证指南

析和渗流计算。

1)热传导单元:8 节点六面体单元(3D),4 节点四边形单元(2D);

2)材料类型:各向同性、正交异性热传导材料,可以与温度相关,以及各向同性热传导材料的相变;

3)边界条件:给定热流 flux 边界,对流 convection 边界,辐射 radiation 边界,以及给定温度边界,它们可随时间变化;给定初始温度,可计算两个物体接触界面的热传导和热辐射,给定材料内部热生成(给定热源);

热分析采用隐式求解方法,过程控制有:

1)稳态分析还是瞬态分析;

2)线性问题还是非线性问题;

3)时间积分法:Crank – Nicholson 法($a=0.5$)和向后差分法($a=1$);

4)求解器:直接法或迭代法;

5)自动时步长控制。

(13)不可压缩流场分析。LS – DYNA 不可压缩流求解器是 970 版新增加的功能,用于模拟分析瞬态、不可压、黏性流体动力学现象。求解器中采用了超级计算机的算法结构,在确保有限元算法优点的同时计算性能得到大幅度提高,从而在广泛的流体力学领域具有很强的适用性。

(14)多功能控制选项。

1)多种控制选项和用户子程序使得用户在定义和分析问题时有很大的灵活性;

2)输入文件可分成多个子文件;

3)用户自定义子程序;

4)二维问题可以人工控制交互式或自动重分网格(REZONE);

5)重启动;

6)数据库输出控制;

7)交互式实时图形显示;

8)开关控制-可监视计算过程的状态;

9)对 32 位计算机可进行双精度分析。

(15)前后处理功能。LS – DYNA 利用 ANSYS,LS – INGRID,ETA/FEMB,TrueGrid,LS – POST和LS – PREPOST 强大的前后处理模块,具有多种自动网格划分选择,并可与大多数的 CAD/CAE 软件集成并有接口。

(16)支持的硬件平台。LS – DYNA 971 版的 SMP 版本和 MPP 版本是同时发行的。MPP 版本使一项任务可同时在多台计算机上进行分布计算,从而最大限度地利用已有计算设备,大幅度减少计算时间。计算效率随计算机数目增多而显著提高。

LS – DYNA 971 版的 SMP 版本和 MPP 版本可以在 PC(NT、LINUX 环境)、UNIX 工作站、超级计算机上运行。

10.2.2 LS – DYNA 常用的前后处理器介绍

LSTC 一直将主要精力放在求解器的开发上,而不太重视前后处理器的开发,所以现在LS – DYNA 基本上都是用其他公司的软件做前后处理。由于 LS – DYNA 的名气,有很多公

司也乐得开发针对 LS－DYNA 的接口,应针对不同的行业、不同的应用领域选择合适的前后处理。常用的前后处理器有:

(1)LS－POST。LSTC 自己的后处理软件,速度很快。

(2)FEMB。ETA 开发的前后处理软件,是迄今为止支持 LS－DYNA 功能最全的前后处理软件,号称不需要手工修改 LS－DYNA 输入文件。另外,ETA 还开发了其他针对 LS－DYNA 的前后处理软件:DYNAFORM 是专门模拟板料成形的软件;VPG 是做汽车碰撞、道路测试等仿真的软件。

(3)Altair HyperMesh。它的几何整理和网格划分功能(尤其是针对板筋结构)很强,特别是在汽车业很有名。

(4)ANSYS/LS－DYNA。ANSYS 开发的针对 LS－DYNA 的前后处理器,秉承了 ANSYS 的传统,熟悉 ANSYS 的用户用起来感觉比较熟悉,特别是可以用 APDL 编写命令流。但支持 LS－DYNA 的功能有限,往往需要手工添加 keyword,因此习惯了 DYNA 的 keyword 的用户不喜欢用它。

(5)MSC.Patran。由于 MSC.Dytran 是从 DYNA 3D 来的,故 MSC.Patran 保留了与 LS－DYNA 的接口。

本节仅对我们在适坠性分析中经常使用的 Altair HyperMesh 软件的功能特点予以介绍。

Altair ® HyperMesh ® 是一个高性能有限单元前后处理器,让工程师在高度交互及可视化的环境下验证各种设计条件。HyperMesh 的图形用户界面易于学习,并且支持直接输入 CAD 几何模型和已有的有限元模型,减少重复性的工作。先进的后处理工具保证形象地表现复杂的仿真结果。HyperMesh 具有无比的速度,适应性和可定制性,并且模型规模没有软件限制。

1. HyperMesh 特点

(1)通过高性能的有限元建模和后处理大大缩短工程分析的周期;

(2)直观的图形用户界面和先进的特性,可减少学习的时间并提高效率;

(3)直接输入 CAD 几何模型及有限元模型,可减少用于建模的重复工作和费用;

(4)高速度、高质量的自动网格划分极大简化了复杂几何的有限元建模过程;

(5)在一个集成的系统内支持范围广泛的求解器,确保在任何特定的情形下都能使用适用的求解器;

(6)极高的性价比使得软件投资得到最好的回报;

(7)高度可定制性更进一步提高效率。

2. HyperMesh 功能简介

HyperMesh 是一个高效的有限元前后处理器,能够建立各种复杂模型的有限元和有限差分模型,与多种 CAD 和 CAE 软件有良好的接口并具有高效的网格划分功能。其功能特点如下:

(1)强大的几何输入、输出功能。HyperMesh 具有工业界主要的 CAD 数据格式接口,支持多种格式的复杂装配几何模型读入,如 CATIA,UG,ProE,STEP,IGES,PDGS,DXF,STL,VDAFS 等格式的输入,支持 UG 动态装配,并可设定几何容差,修复几何模型,支持 IGES 格式输出。Model browser 功能有效管理复杂几何和有限元装配模型。

(2)集成的 CAD 图形标准。①CATIA(HP,IBM,WIN,SUN,SGI);②DESDXF;③UG;

④I-DEAS；⑤IGES；⑥INCA；⑦PATRAN；⑧PDGS；⑨VDAFS 等。

（3）方便灵活的几何清理功能。HyperMesh 包含一系列工具，用于整理和改进输入的几何模型，支持多种自动化和人工化的几何清理功能，各种缝隙缝合，复杂曲面修补，去除相贯倒角、孔洞等细小特征，薄壳实体中面抽取。输入的几何模型可能会有间隙、重叠和缺损，这些会妨碍高质量网格的自动划分。通过消除缺损和孔，以及压缩相邻曲面的边界等，用户可以在模型内更大、更合理地区域划分网格，从而提高网格划分的总体速度和质量。

（4）好客户二次开发环境。HyperMesh 提供了多种开发工具，使其适合用户环境，提高使用效率，同时便于用户进行二次开发。其主要接口有：

1）基本的宏命令：用户可以创建宏命令，使若干步建模过程自动完成；

2）用户化定制工具：用户可以利用 Tcl/Tk 在 HyperMesh 中建立用户化定制方案；

3）配置 HyperMesh 的界面：对 HyperMesh 的菜单系统进行重新布局定义，使界面更易于使用；

4）输出模板：通过用户输出模板，可以将 HyperMesh 数据库以其他求解器和程序可以阅读的格式输出；

5）输入数据转化器：可以在 HyperMesh 加入自己的输入数据翻译器，扩充 HyperMesh 的接口支持功能，解读不同的分析数据卡；

6）结果数据转化器：用户可以创建自己特定的结果翻译器，利用所提供的工具，将特定的分析结果转换成 HyperMesh 的结果格式 ；

7）快捷键：大幅度提高工作效率。

（5）与主流求解器无缝集成。HyperMesh 支持很多不同的求解器输入/输出格式。各个求解器定制专业界面，如 ABAQUS，LS-DYNA3D ，ANYSYS 接触导向定义，针对汽车碰撞的安全带和气囊等专业模块，可编辑式卡片菜单输入，与求解器无缝集成。HyperMesh 同时具有完善的输出模板语言和 C 函数库，用于开发输入转换器，从而提供对其他求解器的支持。

支持的有限元分析软件：

1）ABAQUS；

2）ANSYS；

3）AutoDV；

4）C-MOLD；

5）DYTRAN；

6）LS-DYNA 3D；

7）LS-NIKE 3D；

8）MADYMO；

9）MARC；

10）MOLDFLOW；

11）MSC/NASTRAN；

12）CSA/NASTRAN；

13）OPTISTRUCT；

14）PAM-CRASH；

15）PATRAN；

16）RADIOSS；

17）VPG。

（6）高质量的网格划分。完善的互动式二维和三维单元划分工具。用户在划分过程中能够对每个面进行网格参数调节，如单元密度、单元偏置梯度、网格划分算法等。HyperMesh 提供了多种三维单元生成方式用于构建高质量的四面体、六面体网格和 CFD 网格。Macro 菜单和快捷键编辑网格更为迅速灵活，大大提高了工作效率。

多种形式的网格质量检查菜单，用户可以实时控制单元质量，另外还提供了多种网格质量修改工具。

1）焊接单元的自动创建。其提供了多种焊接单元生成方法。其中利用 Connector 进行大规模自动化焊接单元转化，大大减少了手工单元生成，同时还提供了各类焊接单元质量检查工具。

2）有限元二次快速建模。其支持由有限元模型快速生成几何模型，进行二次有限元建模。

Morph 功能支持高质量的快速修改有限元模型，并且可以施加多种约束如对称，设定变形轨迹如沿设定平面、半径、直线调整形状等。

3）模型创建和编辑。在建立和编辑模型方面，HyperMesh 提供用户一整套高度先进、完善并易于使用的工具包。对于 2D 和 3D 建模，用户可以使用各种网格生成模板以及强大的自动网格划分模块。

HyperMesh 的自动网格划分模块提供用户一个智能的网格生成工具，同时可以交互调整每一个曲面或边界的网格参数，包括单元密度，单元长度变化趋势，网格划分算法等。

HyperMesh 也可以快速地用高质量的一阶或二阶四面体单元自动划分封闭的区域。四面体自动网格划分模块应用强大的 AFLR 算法。用户可以根据结构和 CFD 建模需要来单元增长选项，选择浮动或固定边界三角形单元和重新划分局部区域。

（7）强大的后处理功能。HyperMesh 提供完备的后处理功能组件，让用户轻松、准确地理解并表达复杂的仿真结果。

HyperMesh 具有完善的可视化功能，使用等值面、变形、云图、瞬变、矢量图和截面云图等表现结果。它也支持变形、线性、复合以及瞬变动画显示。另外，可以直接生成 BMP，JPG，EPS，TIFF 等格式的图形文件及通用的动画格式。这些特性结合友好的用户界面使用户迅速找到问题所在，同时有助于缩短评估结果的过程。

（8）可视化复合材料单元建模。HyperLaminate 提供了可视化复合材料单元建模图形界面。对于材料的每一铺层的各项参数进行可视化定义，方便浏览编辑各项参数。

10.3　适坠性分析与评估软件平台应用

民用飞机适坠性分析与评估软件平台，是为工程分析人员提供的一个完成适坠性分析与评估任务的操作平台和分析、试验、评估过程数据管理平台，如图 10 - 5 所示。目的是保障民用飞机适坠性分析与评估工作的顺利进行，保障分析与评估过程数据的一致性和完整性，积累适坠性分析、试验、评估经验和成果，达到资源共享、成果共享，为民用飞机抗坠撞设计提供技术支持。平台主要有以下功能。

（1）材料数据库与建模知识库；

(2)适坠性仿真分析;

(3)适坠性评估;

(4)试验与分析相关性评估。

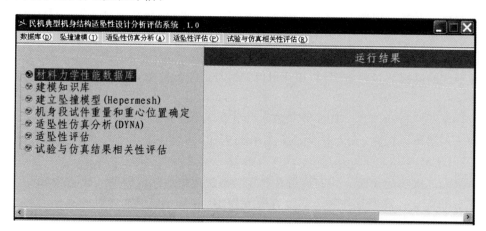

图 10-5　民用飞机适坠性分析与评估软件平台主操作界面

以材料数据库的使用过程和典型试验机身段的适坠性评估过程,介绍平台的使用。

10.3.1　材料数据库与建模知识库应用

为满足查询材料数据和在坠撞分析软件中引用材料性能数据两方面的需求,保障适坠性分析与评估工作顺利完成,并达到坠撞试验、抗坠撞设计的研究成果和经验数据的积累与共享,适坠性分析与评估软件平台建立了材料数据库与建模知识库应用功能模块。进入"材料力学性能数据库"门户网站,即可弹出如图 10-6 所示的登陆界面。

图 10-6　材料数据库主页面

可按"数据类型""材料分类""材料名称"作为输入查询条件,点击"搜索"按钮显示查询结果,如图 10-7 所示。

产品信息

材料分类	材料名称	标准	产品形式	状态	厚度范围	位置	
铝合金	2024	AMS 4037 和 AMS-QQ-A-250/4	薄板	T3	0.008-0.009		性能参数 曲线图文件信息
铝合金	2024	AMS 4037 和 AMS-QQ-A-250/4	薄板	T3	0.010-0.128		性能参数 曲线图文件信息
铝合金	2024	AMS 4037 和 AMS-QQ-A-250/4	薄板	T3	0.129-0.249		性能参数 曲线图文件信息
铝合金	2024	AMS-QQ-A-250/4	薄板	T361	0.020-0.062		性能参数 曲线图文件信息
铝合金	2024	AMS-QQ-A-250/4	薄板	T361	0.063-0.249		性能参数 曲线图文件信息
铝合金	2024	AMS-QQ-A-250/4	板材	T361	0.250- 0.500		性能参数 曲线图文件信息
铝合金	2024	AMS 4037 和 AMS-QQ-A-250/4	板材	T351	0.250-0.499		性能参数 曲线图文件信息
铝合金	2024	AMS 4037 和 AMS-QQ-A-250/4	板材	T351	0.500-1.000		性能参数 曲线图文件信息
铝合金	2024	AMS 4037 和 AMS-QQ-A-250/4	板材	T351	1.001-1.500		性能参数 曲线图文件信息
铝合金	2024	AMS 4037 和 AMS-QQ-A-250/4	板材	T351	1.501-2.000		性能参数 曲线图文件信息
铝合金	2024	AMS 4037 和 AMS-QQ-A-250/4	板材	T351	2.001-3.000		性能参数 曲线图文件信息
铝合金	2024	AMS 4037 和 AMS-QQ-A-250/4	板材	T351	3.001-4.000		性能参数 曲线图文件信息
铝合金	2024	AMS-QQ-A-250/4	卷绕薄板	T4	0.010-0.249		性能参数 曲线图文件信息
铝合金	2024	AMS 4035 和 AMS-QQ-A-250/4	平薄板和板材	T42	0.010-0.249		性能参数 曲线图文件信息
铝合金	2024	AMS 4035 和 AMS-QQ-A-250/4	平薄板和板材	T42	0.250-0.499		性能参数 曲线图文件信息
铝合金	2024	AMS 4035 和 AMS-QQ-A-250/4	平薄板和板材	T42	0.500-1.000		性能参数 曲线图文件信息
铝合金	2024	AMS 4035 和 AMS-QQ-A-250/4	平薄板和板材	T42	1.001-2.000		性能参数 曲线图文件信息

1 2 3 4 5 6 7

图 10－7　查询结果页面

在图 10－7 中某种材料所在行点击“性能参数”，则显示该材料的性能参数，如图 10－8 所示；如果点击“曲线图文件信息”则显示该材料的曲线信息如图 10－9 所示。

铝合金薄板2024—T3— 性能参数

参数	方向	基准	参数值	强度等级
Ftu	L	S	64	
Ftu	LT	S	63	
Fty	L	S	47	
Fty	LT	S	42	
Fcy	L	S	39	
Fcy	LT	S	45	
Fsu		S	39	
Fbru	(e/D = 1.5)	S	104	
Fbru	(e/D = 2.0)	S	129	
Fbry	(e/D = 1.5)	S	73	
Fbry	(e/D = 2.0)	S	88	
elongate	LT	S	10	
E			10.5	
Ec			10.7	

图 10－8　力学性能参数显示页面

关于建模知识库的应用，在主菜单上点击相应菜单，即可调出有关坠撞建模分析方法、试验技术及适坠性评估经验等文档供用户查看。

10.3.2　典型机身段和内部设施的适坠性评估

该功能模块以适航条例为依据，通过程序对飞机结构、座椅、约束系统的适坠性进行评估，指导飞机结构、座椅、约束系统的适坠性设计。评估界面设计如图 10－10 所示。适坠性评估包括机舱地板加速度评估、机身变形体积变化评估、座舱-客舱地板连接失效评估、行李舱与机身连接失效评估、人体承受能力评估、约束系统评估、综合性能指标评估。这里以人体承受能力评估及综合性能指标评估为例，对程序的应用做简单介绍。

铝合金薄板2024-T3— 曲线图文件信息

材料分类	曲线类别	材料名称	曲线名称	图号	曲线数据
铝合金	5	2024	室温下0.063英寸厚2024-T861铝合金薄板剩余强度行为.裂纹方向T-L	3.2.4.5.10a	
铝合金	5	2024	室温下0.063英寸厚的2024-T861铝合金薄板剩余强度行为.裂纹方向L-T	3.2.4.5.10b	
铝合金	4	2024	无缺口2024-T4铝合金最佳拟合S/N曲线,各种锻件,纵向	3.2.4.1.8a	
铝合金	4	2024	2024-T4铝合金棒最佳拟合S/N曲线,带缺口Kt = 1.6,纵向	3.2.4.1.8b	
铝合金	4	2024	2024-T4铝合金棒最佳拟合S/N曲线,带缺口Kt = 2.4,纵向	3.2.4.1.8c	
铝合金	4	2024	2024-T4铝合金各种锻件的最佳拟合S/N曲线,带缺口Kt = 3.4,纵向	3.2.4.1.8d	
铝合金	4	2024	无缺口2024-T3铝合金薄板最佳拟合S/N曲线,纵向	3.2.4.1.8e	
铝合金	4	2024	2024-T3铝合金薄板的最佳拟合S/N曲线,带缺口Kt = 1.5,纵向	3.2.4.1.8f	
铝合金	4	2024	2024-T3铝合金薄板最佳拟合S/N曲线,带缺口Kt = 2.0,纵向	3.2.4.1.8g	
铝合金	4	2024	2024-T3铝合金薄板最佳拟合S/N曲线,带缺口Kt = 4.0,纵向	3.2.4.1.8h	

图 10-9　材料曲线信息显示页面

在"适坠性评估"界面里点击"人体承受能力评估"菜单选项,在相应对话框里给出假人骨盆和腰部脊柱之间测得的压缩载荷,大腿股骨轴向压缩载荷、乘客的垂直减速度响应、人体股骨冲击载荷响应,输入头部撞击总加速度的时间历程曲线,程序会根据计算公式自动算出头部伤害判据(HIC),对照评估准则,在评估对话框里勾选"通过"或"不通过"。对本次坠撞试验结果,程序根据适航评估准则,确认"人体承受能力评估"通过,如图 10-11 所示。

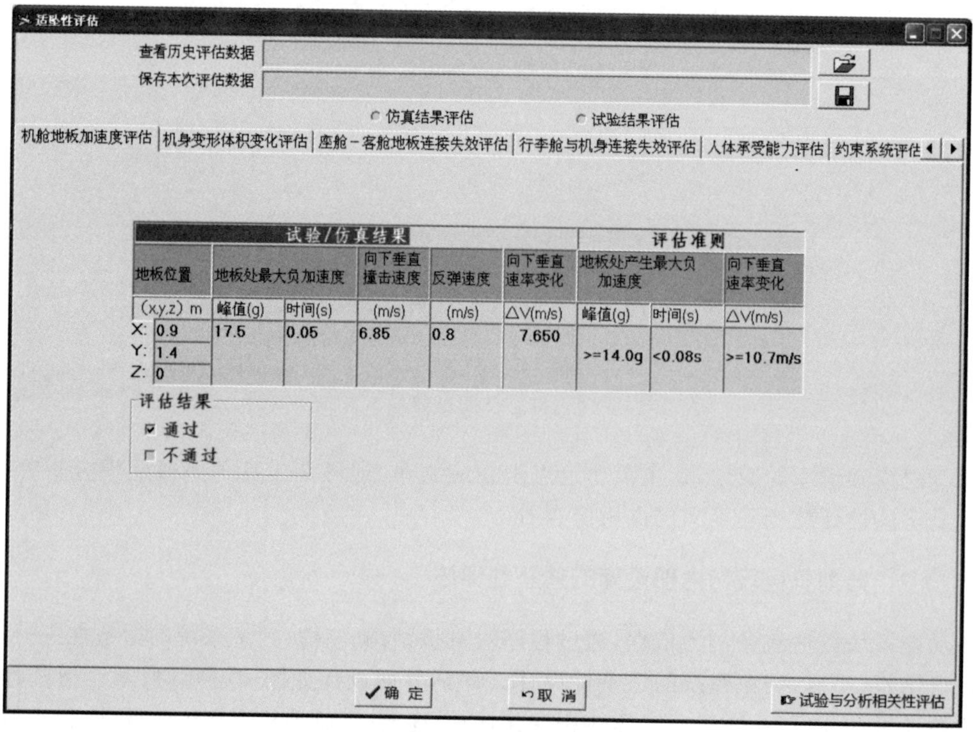

图 10-10　适坠性评估界面

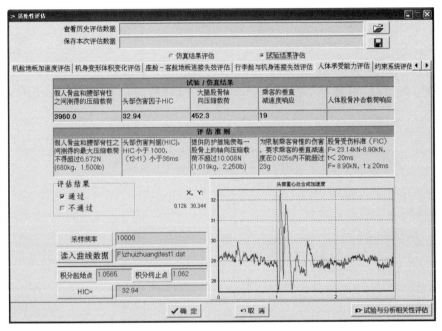

图 10-11　人体承受能力评估界面

在"适坠性评估"界面里点击"综合性能指标评估"菜单选项,在相应对话框里输入本次试验测量的约束带载荷(F_{belt})值、骨盆压缩载荷(F_{pelvis})值、头部伤害因子(HIC)值、大腿骨轴向载荷(F_{femur})值、最大加速度响应指标(A_{floor})值、座椅连接指标(S_{attach})值、安全带指标(R_{stay})值、物件脱落及撤离设施失效指标(P_{drop})值、座椅和结构的变形指标(S_{deform})值,点击"ICI"按钮,得到综合评估指数 ICI,对照评估准则,根据 ICI 的计算值,确定本次坠撞试验综合性能指标评估通过(见图 10-12)。

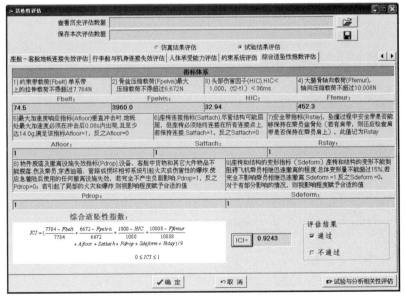

图 10-12　综合性能指标评估界面

参 考 文 献

[1] LS–DYNA keyword user manual. Livermore Softwere Technology Corporation，2003.

[2] 于开平，周传月，谭惠丰，等. Hpermesh 从入门到精通，user manual，北京：科学出版社，2005.